PROJET

D'ÉTABLIR EN FRANCE UNE MANUFACTURE DE VÉGÉTAUX ARTIFICIELS.

PROJET
D'ÉTABLIR EN FRANCE UNE MANUFACTURE DE VÉGÉTAUX ARTIFICIELS,

Qui doit occuper utilement dans l'enceinte de Paris, environ quatre mille femmes, d'après les nouveaux procédés de T. J. VVENZEL.

Avec toutes les pièces relatives à ce projet.

Par LOUIS FRANÇOIS JAUFFRET.

SECONDE ÉDITION.

A PARIS,

Chez TESSIER, Libraire, rue de la Harpe, N°. 151, vis-à-vis celle du Foin.

L'AN TROISIÈME DE LA RÉPUBLIQUE.

PROJET
D'ÉTABLIR EN FRANCE UNE MANUFACTURE DE VÉGÉTAUX ARTIFICIELS.

INTRODUCTION.

Si la gloire et la félicité d'un peuple dépendent sur-tout de la qualité et de l'ensemble des loix qui le gouvernent, on ne peut nier que la culture bien réglée des arts et des sciences ne contribue beaucoup, de son côté, à rendre les états heureux et florissans. Il ne manquera donc plus rien au bonheur et à la prospérité de la France, dès-lors qu'à des loix sages et équitables, elle unira la culture des sciences et celle des arts dirigés vers un but utile. Le bien général des hommes sera le mobile qui animera chaque citoyen. Une sainte émulation enfantera tous les jours des prodiges nouveaux. La nature humaine sera aggrandie.

L'histoire nous montre que les arts et les sciences reçoivent un caractère différent dans un état, suivant la différence des gouvernemens et selon la moralité de ceux qui gouvernent. Une cour efféminée corrompt tous les talens, et tourne tous les arts vers des objets frivoles comme elle. Un tyran les étouffe ou les asservit. Mais des législateurs éclairés, qui savent commander à l'opinion, et qui fondent leurs loix sur la grandeur de l'homme, doivent donner au génie une phisionomie plus mâle, et faire prendre aux arts une route plus hardie.

Telle est la gloire qui est réservée à la Convention nationale, puisqu'elle sait rendre homage aux talens solides et encourager les hommes qui aspirent à bien mériter des hommes. L'Europe étonnée verra que, sous un gouvernement libre, les arts, loin d'être anéantis, reprennent un nouveau lustre, et deviennent plus parfaits en devenant plus grands. Les Français seront doublement heureux, et ils passeront toujours aux yeux de toutes les nations pour le premier peuple de l'univers.

A ce signal que les représentans du peuple viennent de donner au génie des arts et du commerce, un Citoyen, plein de zèle pour la gloire de la République, s'empresse de leur présenter de nouveau le projet d'une Manufacture de Végétaux où, par de nouveaux procédés, toute plante serait exactement imitée dans son port, dans ses feuilles, dans sa tige, dans chacun de ses caractères botaniques.

Nous allons considérer ce projet sous tous ses rapports. Nous mettrons sous les yeux du public le tableau des avantages qu'il présente. S'il résulte de cette exposition détaillée que sa grandeur et son utilité le rendent digne d'être favorablement accueilli; s'il en résulte que la Manufacture des Végétaux doit servir aux progrès de la botanique et des sciences en genéral ; qu'elle doit produire une nouvelle branche de commerce qui rendra l'étranger tributaire de l'industrie française ; s'il en résulte que ses succès doivent refluer sur une foule de manufactures ; s'il en résulte enfin qu'elle doit être un objet d'utilité publique et devenir un des plus beaux monumens élevés à la gloire des arts ; sans doute la Convention se hâtera de favoriser un semblable établissement. L'industrie humaine aura obtenu un nouveau triomphe.

CHAPITRE I.

De la Manufacture des Végétaux Artificiels, considérée en elle-même.

La masse aride de la terre ornée d'une brillante parure, présente de toute part un magnifique paysage. Ici la nudité des montagnes est couverte par des arbres antiques et vénérables. Sous ces arbres, et jusques dans les fentes des rochers, croît et se renouvelle une multitude de végétaux qui, pour être plus obscurs et plus humbles, n'en sont ni moins surprenans ni moins précieux. Là, de profondes vallées nous offrent les trésors de la végétation, renfermés dans leurs frais asyles. Plus loin ils sont étalés à nos regards dans de vastes prairies où des fleurs innombrables disputent à l'envi d'éclat et de beauté.

L'expérience ayant appris que les plantes n'étaient pas seulement des objets d'agrément pour la vue; que des propriétés étaient attachées à ces corps organisés, et que la science pouvait lever d'utiles tributs sur le monde végétal ; l'esprit humain dirigea dès-lors ses recherches vers ce règne si intérsant et si vaste. Mais que pouvaient, dans ces premiers tems, tous les efforts de l'esprit, perdu , égaré au milieu de cette foule de plantes qui embarrassaient sa vue, en s'y offrant toute entière ? L'abondance même des richesses, en rendant plus précieuse cette conquête des arts, la rendait plus pénible. On sentit qu'il fallait que la main de l'analyse classât tant de trésors.

On se sert aujourd'hui de plusieurs méthodes pour conserver les plantes. Les uns les dessèchent dans des herbiers pour pouvoir les discerner et les comparer ; d'autres entreprennent de graver leurs formes et leurs caractères; d'autres plus hardis encore s'efforcent de devenir les rivaux de la nature, et d'imiter avec le pinceau, les couleurs même dont les fleurs et les feuilles sont ornées.

Nous sommes loin de révoquer en doute l'utilité des herbiers, et les services que les botanistes en retirent ; mais comment parvient-on à y conserver les plantes ? La violette qui a perdu sa couleur et son éclat est-elle l'image de cette fleur aimable qui croît à l'ombre de nos bois, et qui fait le charme du printems ! Dès que le soufle de vie qui anime les plantes s'évanouit, leurs beaux traits se décomposent, les charmes de leur physionomie se flétrissent ; les végétaux les plus brillans ne sont plus que des cadavres éteints dont la vue est à peine reconnaissable au botaniste le plus exercé.

Il manquait une méthode qui, réunissant tous les avantages des herbiers secs et des herbiers coloriés, pût en outre faire juger de l'ensemble du végétal, de sa forme véritable, de son expression vivante.

C'est cette méthode qu'un artiste annonce aujourd'hui. Représenter la nature telle qu'elle est, construire une plante telle que nous la voyons dans le site où elle croît, imiter son port et la direction de sa tige, saisir avec précision la forme des feuilles et le nombre de leurs échancrures et de leurs fibres, rendre les diverses nuances des plantes, les diverses formes et l'anatomie des fruits, ne présenter que le nombre de pistils et d'étamines qui distinguent chaque fleur : voilà en abrégé ce que remplirait l'établissement qu'il propose. Les plus grands arbres eux-mêmes pourront être exécutés sans obstacles, soit en les prenant dans leur état de jeunesse, soit en ne rendant qu'une de leurs parties.

Pour se former une idée moins imparfaite de cette méthode, écoutons l'artiste lui-même dans un mémoire adressé à l'Assemblée nationale, qui a été renvoyé par elle aux comités d'agriculture et de commerce; il expose la nature et la nouveauté de ses moyens.

» En embrassant l'état de fleuriste, *dit-il*, j'ai compris que j'avois tout à créer. Je me suis donc proposé de trouver, 1°. un meilleur choix de matières; 2°. des couleurs plus vraies et plus propres à rendre celles de la nature; 3°. d'exprimer avec netteté et précision les vrais caractères botaniques ».

» Pour parvenir à ce triple but je n'ai épargné ni peine, ni travail, ni dépense. J'ai d'abord, pendant deux années entières, étudié la chymie sous les plus grands maîtres; j'étais persuadé, avec raison, que je trouverais dans cette étude les moyens de perfectionner les matières et les couleurs, et même d'en découvrir de nouvelles. Je n'ai point été trompé dans mon attente ».

» Ma manière de préparer les matières

me met dans le cas de les employer sans aucun des inconvéniens qu'on leur reprochait autrefois. J'ai su en varier l'usage jusques dans la même plante, suivant les différences que je veux exprimer ; j'en ai découvert d'autres, et toutes ces matières qui ont, quand elles sont employées, la flexibilité, la transparence, la légèreté, le velouté et le moëleux de la nature, ne doivent toutes ces qualités qu'à mes procédés nouveaux pour les apprêter ».

» Quand à mes couleurs, la bonne manière d'en juger, c'est de les voir et de les comparer avec celles de la nature ; elles en ont, j'ose le dire, la variété, la richesse, la fraicheur, la douceur et l'harmonie ; elles ne sont pas plus tranchantes, et elles offrent les transitions les plus imperceptibles. Je ne crois devoir cet avantage de mes couleurs qu'à l'art que j'ai de les extraire du règne végétal ; et mes découvertes, en ce genre, sont d'une utilité dont je fais journellement l'application la plus heureuse, pour teindre à froid les soies, fils et cotons, et pour leur donner cet éclat qui nous fait prodiguer notre or aux manufactures des Indes et de la Chine ».

» Après avoir tiré un parti aussi avantageux de la chymie, j'aurais eu besoin de me livrer à la botanique pour saisir les véritables formes de la nature. Mais cette étude est longue et m'eût ôté le goût de mon état, en m'ôtant la possibilité de faire aucune spéculation utile. Je me suis donc livré à la méchanique. J'ai cherché dans cette science des procédés pour rendre avec une exactitude précise toutes les formes d'un végétal qu'on me proposerait à imiter. J'ai eu l'avantage de découvrir la vraie manipulation qui saisit jusqu'aux moindres irrégularités d'une plante, d'une feuille, d'une étamine. La seule inspection des ouvrages, travaillés avec soin dans mes atteliers, donne une idée plus juste de ma découverte que tout ce que je pourrais en dire ».

J'ajoute à ce qu'avance ici l'Artiste dont je viens de copier les propres expressions, que cette découverte, par son importance, est une nouvelle preuve des progrès de l'industrie. C'est ainsi que durant la lente succession des siècles, la main du tems attache toujours quelque méthode grande, nouvelle et utile, au trophée des inventions humaines.

CHAPITRE II.

Des causes qui ont retardé les progrès de la Botanique, et des avantages que la Manufacture des Végétaux artificiels offre à cette science.

En remontant au berceau des sciences, nous les voyons toutes faibles et incertaines dans leur origine. Des siècles entiers s'écoulent souvent sans les affermir et sans les étendre. Enfin l'esprit de l'homme redouble ses efforts; il s'agite, il secoue ses chaînes, lutte audacieusement contre la nature, fatigue ce nouveau Prothée, et lui arrache le secret de ses plus mystérieuses opérations.

La botanique est ancienne. Sans doute on dût de très-bonne heure faire attention aux qualités des simples; mais nous voyons que les plus anciens botanistes connaissaient à peine cinq cents plantes. Dans ces premiers tems, les hommes prirent trop peu de précautions pour établir le genre des végétaux, et pour les faire reconnaître à la postérité. Aussi leurs succès n'ont-ils eu qu'une utilité momentanée.

Nous passons sous silence tout le tems qui s'est écoulé depuis ces auteurs jusqu'à nous. Dodoens flamand donna, vers le milieu du seizième siècle, huit cents figures assez bonnes des plantes qu'il connut. Jacques Dalechamp, qui le suivit, en donna environ deux mille sept cents; Ray, au commencement du dix-septième siècle, en décrivit dix-huit mille. Depuis lui, les Tournefort, les Jussieu, les Vaillant, les Linnée ont porté le nombre des plantes connues jusqu'à vingt-cinq mille espèces, qu'ils ont décrites avec beaucoup de soin, et qu'ils ont divisées en plus de six cents genres: d'où il s'ensuit que nous avons de nos jours plus de genres différens de vegétaux que les anciens n'en connaissaient d'espèces particulières.

Mais qui ne conçoit que dans une nomenclature si vaste, lorsqu'il est aisé pour quelques-uns de retenir les caractères des genres et des espèces et d'appeller de son nom chaque individu, il serait difficile d'avoir gravés dans sa mémoire des végétaux que l'on ne connaît que par les définitions des savans qui varient selon les opinions, qui empruntent divers caractères selon les systêmes, que Linnée définit autrement que Tournefort, et Jussieu autrement que Linnée ?

Eh ! quel est en effet celui qui n'ayant jamais lu que les descriptions de ces grands maîtres, s'il n'a lui-même médité long-tems la science, quel est celui qui serait en état de discerner exactement dans les campagnes les plantes que le botaniste a voulu peindre avec tant de précision ? quel est celui qui s'étant nourri des définitions les plus exactes voudrait essayer de dessiner des végétaux sans les avoir vus ? Ces définitions vagues et obscures, malgré les noms grecs et latins qu'on y employe, hérissent la science de longueurs. Les Flores les plus renommées ne nous présentent qu'une suite de desseins uniformes, de descriptions arides, utiles seulement aux esprits déjà exercés, mais inutiles à ceux qui ne veulent ou ne peuvent pas consacrer beaucoup de tems à l'étude des végétaux.

La nature trop infinie dans ses ouvrages a déployé dans la création végétale, une profusion d'ornemens et de richesses qui échappe à notre intelligence; elle a donné à chaque plante une physionomie que l'œil de l'observateur parvient bientôt à discerner, mais que l'esprit ne peut presque jamais définir. Elle a varié agréablement les formes dans les tiges, dans les racines, dans les feuilles, dans les fleurs et dans les fruits ; mais quelle plume pourrait rendre scrupuleusement ces formes innombrables, depuis les chênes majestueux jusqu'aux mousses qui croissent et se renouvellent à leurs pieds ? Les expressions des botanistes rendront-elles jamais la diversité des tiges, leur agréable direction, leur épaisseur et les couleurs qui les distinguent, ce soufle de vie qui les anime, et sans lequel les végétaux deviennent méconnaissables ? Louons quelques savans d'avoir fait des efforts pour parvenir à user de termes assez exacts ; mais convenons qu'il y a bien loin encore de l'état actuel de la botanique à l'état où il est désirable qu'elle puisse arriver un jour.

Aux obstacles suscités par la nature, se joignent ceux que les botanistes ont fait naître. Que de systêmes différens ont été inventés tour à tour ; chaque grand botaniste a créé une méthode particulière, a disposé les plantes selon ses vues, et leur a donné des noms arbitraires.

Au milieu de leurs théories opposées, les végétaux reçoivent sans cesse des noms, des postes divers, et ne sont jamais étudiés qu'à demi ; le désordre marche à la suite de ces variations ; il faut sans cesse avoir recours à des tables comparées ; mais ces tables mêmes ne font qu'augmenter et multiplier les longueurs des études élémentaires.

On regarde les herbiers secs comme les asyles de la science des plantes. Mais en quoi ces herbiers faciliteraient-ils les études, si les végétaux qu'ils offrent sont plus imparfaits encore que ceux décrits dans les ouvrages des savans ? Les expressions des botanistes peuvent être faibles auprès de la réalité ; mais les herbiers secs changent, décomposent fort souvent la nature, ôtent aux plantes leur ensemble, aux feuilles leur éclat, à la tige ses caractères, aux fleurs les couleurs naturelles qui les embellissaient. Les herbiers secs ne conservent ni la vraie forme des végétaux, ni leurs racines, ni leurs fruits. Toutes les espèces jettées dans un même moule contractent les mêmes vices.

Ouvrez les herbiers les mieux conservés, et vous trouverez autant de preuves de ces assertions que vous verrez de fleurs et de feuilles. La prime-rose et la prime-vère ne quittent pas seulement leur jaune, mais acquièrent un verd foncé; toutes les violettes perdent leur beau bleu, et deviennent d'un blanc pâle ; de sorte que dans les herbiers secs, il n'y a point de différence entre les violettes à fleurs bleues et les violettes à fleurs blanches. Les *orchis*, ces fleurs qui font l'ornement des bois et des prairies, deviennent noires et livides. *L'orchis maculata*, dont le caractère distinctif est d'avoir des taches sur les feuilles, voit ces taches noircir et disparaître. Il n'y a point de végétaux qui ne souffrent dans les herbiers. Ce n'est pas tout, un nombre prodigieux ne peuvent pas même y entrer : tels sont ceux dont les feuilles sont très-larges ou très-bulbeuses comme celles du *colocasia*, du *sphondilium* et celles du *pourpier* et des *joubarbes*. Ceux dont les tiges ont trop détendue : tels sont encore tous les *fungus* ou *champignons* représentés e terre cuite au jardin des Plantes, et presque tous les végétaux de la Cryptogamie.

Un premier avantage que la nouvelle manufacture offrirait aux botanistes, serait de minuer les longueurs des études élémentaires, en exécutant des plantes durables qui ne le céderaient en rien à la beauté des plantes naturelles. Tous les caractères botaniques sur lesquels les savans ont fondé des méthodes, y seront réunis. Les systêmes s'expliqueront les uns par les autres.

La physionomie des plantes, ce caractère si difficile à décrire, exactement saisi rendra la botanique plus attrayante et moins incertaine.

Comme l'aspect des végétaux varie dans chaque espèce, suivant le progrès de l'âge, la mobilité des saisons, la nature du sol, la diversité du climat, les botanistes n'ont jamais défini ce caractère que d'une manière vague ; ici, les mêmes plantes pourront être présentées dans leurs différens âges; on pourra les étudier également dans chaque période de leur existence.

Les chaumes, les hampes, les pétioles, les péduncules, les tiges simples et composées des végétaux artificiels auront la même direction, la même consistance, la même élevation que les tiges naturelles.

Dans les feuilles seront fidèlement retracées les formes dont la nature les a revêtues; on y retrouvera la même circonférence, les mêmes angles, la même bordure, la même surface, le même sommet, les mêmes cotés, la même disposition que dans leur état naturel. Cet exactitude régnerait aussi dans les feuilles composées, c'est-á-dire, dans celles qui sont formées de la réunion de plusieurs feuilles; elles régnerait également dans les feuilles recomposées et sur-composées.

Au milieu de cette grande variété de formes et de couleurs, qui distinguent chaque espèce de plantes, la nature pourrait être suivie, dans tous ses détours et copiée dans tous ses ouvrages. Ce serait la nature qu'on admirerait dans les *galeries végétales*, comme on admire les cieux dans un tranquille ruisseau qui n'a que le mérite de réfléchir leur éclat.

Mais il ne suffirait pas pour hâter les progrès de la botanique, de rendre avec exactitude les divers caractères des tiges et des feuilles, si les caractères des fleurs n'étaient pas saisis avec la même précision. C'est surtout dans les fleurs qu'est gravée la physionomie des plantes : mais ce caractère singulier, ce je ne sais quoi, varie dans toutes les espèces, comme il varie dans toutes les physionomies humaines. Il faut sans doute des moyens sûrs et nouveaux pour entreprendre d'imiter cette diversité infinie de couleurs, de nuances, et cette multiplicité admirable de caractères fragiles, et souvent imperceptibles, qui constituent chaque genre et chaque espèce de végétaux.

Dans le dessein de favoriser d'avantage encore l'étude de la botanique, et pour en étendre goût, l'artiste se propose de rendre en mêmetems les parties intérieures que la nature cache, comme les racines parmi lesquelles on retrouve la même diversité de couleurs et de formes, diversité précieuse pour fixer le rang des espèces et pour en faciliter nomenclature.

Il se propose aussi de montrer, d'une manière sensible, les caractères des feuilles et sur-tout ceux de fleurs qui échappent souvent à la vue. La durée des plantes, le sol qui leur est favorable, le climat qui leur est naturel, le nom des botanistes qui les ont découvertes, le poste qu'elles occupent dans les différens systêmes, les noms scientifiques et vulgaires quelles portent en divers pays, l'époque exacte de la naissance et de la chûte des feuilles, celle de la floraison, la forme et la couleur des fruits et des graines, la saveur et la consistance de toutes les parties du végétal, l'influence du climat, du soleil, de la nuit de l'humidité sur les fleurs et les feuilles; tout ce qui compose l'anatomie et l'histoire essentielle d'une plante, sera développé avec le plus grand soin, à côté des plantes artificielles.

CHAPITRE III.

Des avantages que la Manufacture des Végétaux artificiels offre à la médecine et à l'agriculture.

La médecine doit sans doute se perfectionner, si les propriétés des plantes sont plus recherchées et fondées sur un plus grand nombre d'expériences. Jusques-ici, malgré les estimables travaux de plusieurs savans, cette étude des propriétés n'a embrassé qu'une très-faible portion des végétaux connus. Des vingt-cinq mille espèces qui peuplent les divers climats de la terre, et que les botanistes possèdent dans leurs herbiers, les médecins n'en ont étudié que six ou sept cents; l'usage qu'ils en font est très-borné : ainsi, celui des trois règnes de la nature qui a certainement le plus de rapport avec les infirmités du corps humain, est celui qu'on se soucie le moins de connaître. On sent que l'étude des vertus des plantes agrandirait le domaine de la médecine; mais effrayés des dégoûts de la nomenclature et des difficultés qu'on a de conserver les végétaux et de les distinguer dans les herbiers, on n'ose pas se livrer à des études qui ne pourront qu'être incertaines et dangereuses.

L'avantage d'exposer dans un cabinet public les vraies images des plantes est innapréciable sous tous les rapports. Depuis long-tems on se plaint avec fondement de l'ignorance extrême des herboristes et des cruelles méprises qu'elle occasionne ; tous les jours de nouveaux accidens nous apprennent que ces inhabiles distributeurs, en prétendant débiter des simples salutaires, débitent souvent la douleur et la mort.

Cet affreux abus ne doit-il pas disparaître, quand on pourra reconnaître exactement et sans frais les plantes usuelles ?

Ceux qui se livrent à l'étude de leurs propriétés médicales, trouveront, dans le Cabinet des plantes, un jardin immense qui leur présentera les plus grands secours. Ils pourront, dans ce sanctuaire de la végétation, étudier les plantes durant toutes les saisons de l'année. Les herborisations imparfaites et superficielles qu'ils font au printems, dans les environs de Paris, seront secondées par cette herborisation perpétuelle qui leur offrira constamment les caractères et l'anatomie des végétaux, les lieux où ils croissent et les différens aspects sous lesquels ils se montrent, depuis l'époque de leur germination, jusqu'à celui de leur anéantissement. Les propriétés médicales des simples étant mieux constatées, leur étude sera aussi plus complette et moins incertaine.

La collection publique des végétaux exécutés en relief présente aussi un grand avantage pour l'agriculture.

En rassemblant les variétés des racines et des fruits, des plantes ou des arbres cultivés, on parviendrait à fixer la nomenclature, si difficile dans cette partie, et sans laquelle cependant il est physiquement impossible de s'entendre. Peut être aussi l'analogie ferait connaître si notre latitude peut plaire à certains végétaux d'une latitude éloignée. Peut-être l'aspect de leurs fleurs nous instruirait de l'exposition du soleil qui leur convient; celui de leurs feuilles, de la quantité d'eau qui leur est nécessaire; celui de leurs racines, du sol qui leur est propre; celui de leurs fruits, des lieux où ils doivent naître.

CHAPITRE IV.

La Manufacture des Végétaux artificiels serait utile aux Peintres et aux Dessinateurs.

TANDIS que des hommes instruits traversent des régions entières, s'enfoncent dans la profondeur des déserts, gravissent le sommet des montagnes escarpées, pour étudier les mystères de la végétation, pour étendre l'empire de la Science; d'autres hommes, tranquilles spectateurs du tableau riant qu'offre la disposition des fleurs sur la surface de la terre, se contentent de copier l'image fugitive de ce spectacle animé. Les fleurs qui décorent les bords enchantés des ruisseaux, celles qui émaillent la tendre verdure des prairies, celles qui croissent dans les fentes des rochers élevés, les fraîches guirlandes que la nature suspend aux rameaux des arbres dans les sites agrestes, les bouquets charmans qu'elle fait croître sur les arbrisseaux, à la portée des plus jeunes mains, fixent à l'envi leurs regards curieux. Le desir d'imiter les beautés qu'ils admirent, de perpétuer les jouissances que ces groupes délicieux leur procurent, les portent à imiter avec le le pinceau des guirlandes et des vases de fleurs.

La nature doit être sans doute l'objet des continuelles études du peintre et du dessinateur. Quel autre spectacle que celui de l'Univers pourrait échauffer leur génie et l'agrandir? Il faut que l'aspect des fleurs naturelles leur montre ces beautés hardies que l'art seul ne pourrait jamais soupçonner; il faut qu'une longue expérience leur fasse connaître les accidens sans nombre de clair-obscur, produits sur les fleurs et les feuilles, par la lumière du soleil; et le mouvement des tiges, des feuilles et des fleurs qui est toujours l'effet de la combinaison des organes des plantes. L'artiste qui négligerait cette étude, ne pourrait jamais faire naître par la vue de son ouvrage cette sensation douce, cette admiration tranquille, cette volupté délicate qui satisfait nos regards, lorsqu'ils se fixent sur la nature.

Avouons aussi que si les fleurs naturelles

n'avaient pas la fragilité quelles ont, et qu'il fût possible de se les procurer à son gré tous les jours de l'année, les peintres et les dessinateurs ne devraient pas avoir d'autres modèles. Mais qui ne sait que la rapidité du tems qui, dans son cours, en les reproduisant sans cesse, varie à l'infini les plantes, prive presque toujours les peintres du rare avantage de pouvoir saisir leurs traits avec précision.

Les artistes opulens ont quelquefois acheté des modèles artificiels ; les plus pauvres, se trouvant privés de ce secours, sont obligés d'attendre la saison des fleurs qu'ils veulent exécuter, et de donner alors à leur travail une célérité nuisible; de là les difficultés qui s'opposent sans cesse à la perfection de l'art, difficultés qui ne sont surmontées que par un petit nombre d'hommes supérieurs. (*a*)

Maintenant donnez à ceux qui reçurent du ciel l'agréable talent de peindre la beauté

(*a*) Plus l'imitation des fleurs isolées est parfaite, plus elle s'éloigne de la vérité. Des fleurs groupées ne sont plus de la même couleur qu'elles étaient étant seules. *N. du citoyen Bachelier, professeur de dessin.*

des fleurs, donnez-leur la liberté de contempler dans le calme de la réflexion le spectacle de la végétation de tous les climats; qu'ils voient réunies dans une même enceinte toutes les fleurs qui se succèdent si rapidement dans le cours de l'année et qui forment cette guirlande riche et variée, suspendue par la main de la nature, autour du temple des saisons; qu'ils voient exécutés avec des couleurs durables ces tendres productions dont les couleurs s'altèrent et s'évanouissent si promptement; à la vue de ces aimables objets, leur esprit satisfait suivra sans hésiter la pente de leur goût.

Le Cabinet des végétaux pourra être regardé comme la palete de la nature; il présentera un assortiment complet de couleurs séparées les unes des autres; et là, comme dans les champs, en assemblant un groupe de fleurs, on pourra joindre ensemble les teintes que la plûpart des artistes ont regardées comme les plus antipathiques, sans craindre de blesser les lois de l'harmonie. Est-il donc en effet des couleurs antipathiques? non sans doute; mais la peinture, et généralement tous les arts, se voient trop souvent reserrés par des chaînes que leur ont forgées les préjugés. Qui doit les briser? le génie.

Les artistes, enrichis de ce don céleste, découvriront, en examinant les végétaux artificiels, des beautés de coloris qu'ils oseront imiter : Pausias les surprit dans les guirlandes de Glicère, et il en profita.

Jusqu'ici le défaut de modèles a limité les talens des peintres et dessinateurs : auraient-ils pu représenter les fleurs des pays étrangers d'après les seules phrases des botanistes? Ceux-ci qui ne regardent les couleurs que comme des accidens, ne se sont jamais souciés de les décrire; d'ailleurs combien d'espèces ne s'ouvrent qu'à certaines heures du jour ou de la nuit! Rassembler les fleurs qui croissent sous tous les cieux, les rendre avec une vérité scrupuleuse, avec leurs formes et leurs nuances, n'est-ce pas fournir aux peintres des modèles éternels?

CHAPITRE V.

De la Manufacture des Végétaux artificiels, considérée dans ses rapports avec plusieurs manufactures.

Trop souvent on a vu de nouveaux établissemens naître et s'élever au préjudice des anciens. Trop souvent l'invention de procédés plus prompts et plus parfaits dans une branche des arts, a fait dépérir des manufactures florissantes, où la routine grossière occupait une infinité de bras. Si un établissement vraiment utile peut, en sortant du néant, ne rien dessécher du terrein sur lequel il s'élève, il a dès-lors des droits à une protection plus entière et plus absolue.

La Manufacture des Plantes artificielles réunit donc tout ce qui peut la rendre favorable, puisqu'en même tems qu'elle doit féconder plusieurs terreins incultes dans les sciences et les arts, elle doit fournir les mêmes secours à plusieurs manufactures, dont elle étendra le domaine et ranimera l'activité.

La broderie, cet art qui prête tant de graces à des tissus froids et uniformes, en les revêtant de guirlandes et des bouquets qui, reproduisent l'éclat et la fraîcheur des fleurs, ne pourra qu'offrir un nouveau charme, lorsqu'au lieu d'un petit nombre de modèles, elle verra réunies toutes les plantes qu'il est possible à l'imagination de se représenter. Combien d'idées nouvelles ce riche spectacle fournira à des brodeurs ingénieux! (*b*) Chaque végétal artificiel deviendra pour eux l'objet d'une multitude de combinaisons qui, développées sur les étoffes, ouvriront aux yeux des amateurs une source intarissable d'agrémens.

Ces plantes artificielles perfectionneront l'art de fabriquer ces étoffes durables, qui doivent couvrir les murs de nos habitations et retracer à nos yeux des paysages champêtres, des groupes de fleurs, des berceaux de verdure; elles serviront aux

---

(*b*) Aux manufactures de Lyon, de Tours, des Gobelins, de la Savonerie, de Beauvais, d'Aubusson, etc. *N. du citoyen Bachelier.*

manufactures de papier peint, de toile peinte et de porcelaine qui, trouvant des modèles réels, cesseront de prodiguer dans leurs ouvrages ces imitations grossières de plantes qui n'existent point dans la nature, et ces ridicules arabesques qui nous reportent encore à l'enfance du goût.

Pourrions-nous oublier de développer dans cet endroit combien seront utiles les couleurs qui doivent être employées dans la fabrique des plantes? Munies du suffrage d'une assemblée de savans et d'artistes, qui, par ordre du ministère, les examina en 1785; leur auteur qui les extrait du règne végétal, les eût déja employées dans le commerce. Elles sont elles-mêmes une découverte précieuse; puisque jusqu'à nos jours le secret de teindre à froid les soies, fils et cotons, a été ignoré. Cette nouvelle branche de commerce épargnera des dépenses extraordinaires dans les hivers rigoureux, où le bois est rare, sur-tout dans cette vaste cité.

Un autre avantage précieux qu'offrirait à une foule de manufactures l'établissement de celle des végétaux artificiels, serait de leur faire connaître un grand nombre d'arbrisseaux colorans, que le citoyen Wenzel cultive déja avec succès dans le jardin dépendant de l'édifice destiné à la construction et à l'exposition des végétaux.

Peu à-peu ces arbrisseaux acclimatés, fourniraient au commerce un nouveau moyen de s'étendre, et aux arts un moyen nouveau de se perfectionner.

CHAPITRE VI.

CHAPITRE VI.

De la Manufacture des Végétaux artificiels, considérée comme un objet d'utilité publique.

IL serait superflu de nous arrêter à prouver que les manufactures sont une des principales sources de la richesse des nations ; qu'elles ressemblent à ces canaux salutaires, qui distribuent l'abondance dans toute l'étendue d'un terrein autrefois inculte. Un état où les manufactures sont négligées, où l'industrie n'est pas secondée, est un état mort ; et la gloire d'un peuple est attachée à la grandeur et à la majesté de ses établissemens : les seules nations dont les siècles futurs béniront la mémoire, sont celles qui leur auront transmis des découcouvertes avantageuses. Le dix-huitième siècle est trop éclairé pour que nous ayons besoin de rappeler ces principes fondamentaux, ou, si l'on veut, ces premiers élémens de l'administration et de la politique.

Il serait encore superflu de rappeler combien les manufactures en général, moins nécessaires dans les campagnes, où la terre peut fournir à tous les bras une occupation journalière, deviennent indispensables dans ces cités populeuses, où l'inaction engendre, à tous les instans, la misère et le crime. Chacun sait que multiplier les atteliers dans une grande ville, c'est augmenter l'aisance de ses habitans, diminuer le nombre des malfaiteurs, consolider la paix et la félicité commune.

La manufacture des plantes artificielles soulagerait un grand nombre d'individus, choisis sur-tout parmi les femmes, les enfans et les vieillards.

On verrait que la Convention favorise le commerce, et l'on serait convaincu que ces heureux préludes annoncent à la France les beaux jours de sa gloire, où la constitution perfectionnée, doit combler le vœu universel et faire envier à tous les peuples la destinée des Français. L'entrée des atteliers de la manufacture des plantes deviendra un moyen nouveau de consolider les bâses de l'honnêteté dans les familles; puisque dans le choix des personnes, on admettra de préférence les plus vertueuses.

Comme les sujets n'y seront pas admis indistinctement et sans examen, on ne craint pas d'annoncer que ces atteliers deviendraient les asyles de la vertu malheureuse. Là, des mères estimables pourront venir travailler à côté de leurs jeunes filles, dont les services seront également précieux. Le travail qu'on exigera d'elles demandera de la délicatesse et jamais de la fatigue.

Aucune des causes qui rendent plusieurs autres conditions dégoûtantes et fastidieuses, ne doit se rencontrer dans celle-ci.

Indépendant de la flutuaction des modes, cet état, n'aurait jamais qu'à copier la nature qui ne change point ; aussi étendu que le règne végétal, il ne verrait jamais épuiser la fécondité de ses trésors.

Quoique la manufacture des plantes doive sur-tout occuper des femmes de tout âge, elle peut donner cependant un état à environ 500 hommes. Ce n'est pas ici l'instant de développer, ni les divers genres de travaux de l'établissement, ni la manière dont ils doivent être distribués, ni quelle sera le nature de la main-d'œuvre, soit pour la teinture à froid des soies, fils et cotons, soit par la construction des végétaux artificiels ; ni enfin quel doit être l'enchaînement et la gradation des procédés qui seront suivis dans les différens atteliers. On s'expliquera sur tous les détails de cette découverte, si la Convention nationale, jalouse de la seconder, désigne un comité, ou telle assemblée de savans et d'artistes qu'elle désirera, pour en faire l'examen ; le voile qui dérobe à la vue le fond de l'invention, ne doit tomber que devant un décret de la Convention.

La fabrication des fleurs artificielles exige, suivant les procédés actuellement en usage, un nombre d'outils dont on ne se peut faire une idée. Il faut, par exemple, pour une seule rose, plus de trente outils différens, qui demandent chacun au moins huit jours pour sortir, encore tout imparfaits, des mains des ouvriers, qui ne les fabriquent qu'à des prix totalement arbitraires. Ajoutez que ces outils ont besoin d'être renouvellés presque tous les ans, pour le peu qu'on soit jaloux d'approcher de la perfection. Ainsi, suivant les procédés actuels, la multiplicité des outils, la lenteur de leur fabrication, leur prix excessif, la nécessité de les renouveler fréquemment, sont donc autant de causes de la cherté prodigieuse des fleurs artificielles. Suivant les procédés nouveaux, au contraire, la fabrication des outils est plus prompte, infiniment moins coûteuse, et est absolument parfaite. La baisse du prix des fleurs et des plantes artificielles résulterait donc nécessairement de leur perfection. D'ailleurs, plus elles seront parfaites, plus le débit en sera considérable, ce qui devient une seconde cause de la baisse de ces mêmes prix; car personne ne doute qu'un objet fabriqué en grande quantité peut être vendu à un moindre prix, à raison de l'économie dans la matière et dans la main-d'œuvre, qui sont la suite nécessaire d'un grand débit.

Or, l'avantage qu'assure cette baisse de prix est sans doute évident aux yeux de tout homme un peu au fait du commerce. Elle occasionnerait une exportation dans toutes les parties de l'Europe, et jusqu'aux extrémités de l'Asie, de l'Afrique et de l'Amérique, en répondant aux vœux que l'on manifeste à cet égard depuis longtems. L'artiste peut donner des preuves authentiques de la réalité des demandes qui lui sont faites de toutes parts, et du désir que l'on a de voir de plus en plus se perfectionner la fabrication des végétaux artificiels. On ferait encore tomber, par la baisse des prix, la concurrence des manufactures étrangères; et en donnant une nouvelle activité à nos manufactures de soieries, on attirerait dans nos atteliers l'argent de l'étranger.

Ce serait ici le lieu d'ajouter que l'établissement de la manufacture des plantes créerait, pour une foule d'artistes, un état qui, en les exposant aux regards du public, donnerait un nouvel essor et une nouvelle énergie à leurs talens. Le désir de concourir à l'exécution d'un projet aussi grand et aussi vaste, est bien capable d'exciter l'émulation. Il est des manufactures où le génie, devenu inutile, ne peut que s'abandonner à l'impulsion mécanique qui conduit la main. Dans celle des plantes, l'imagination ne sera point enchaînée; elle sera dans une continuelle activité.

Elle enlevera à l'inoccupation et à la pauvreté une multitude de jeunes dessinateurs, depuis longtems sans ouvrage. Là, ils trouveront le travail le plus doux et le plus convenable à leur goût.

Enfin elle assignera à plusieurs savans distingués, à plusieurs hommes d'un grand mérite, des places honorables. Des botanistes habiles dirigeront avec tous les soins possibles la construction de chaque végétal, la disposition de chacun de ses caractères. Tout ce qui pourra contribuer à rendre le cabinet des plantes digne de la nation, sera accueilli avec transport. On ne sait comment occuper les citoyens oisifs de la capitale, on consume journellement des sommes immenses pour entretenir des chantiers stériles, des atteliers infructueux; ne serait-il pas du devoir de la société, de destiner une foible partie de ces secours à féconder ce vaste établissement que réclament les sciences et les arts? Et dans un moment, où l'on a vu plusieurs branches de commerce dépérir, n'est-il pas équitable de fonder ces atteliers qui doivent faire tant d'heureux dans l'enceinte de cette ville!

CHAPITRE VII.

De la Manufacture des Végétaux, considérée comme un établissement qui doit ajouter à la gloire de la nation.

JUSQU'ICI l'art de fabriquer les fleurs artificielles n'a été, chez tous les peuples qui l'ont cultivé, qu'une branche de commerce frivole, qu'un aliment du luxe et du faste. La Chine, cet empire où les fleuristes se distinguent depuis tant de siècles, l'Italie, qui a eu si longtems la gloire d'exceller dans la manière de rendre les fleurs, n'ont jamais vu dans cet art ce qu'il pouvait avoir d'utile et de grand. Par-tout on l'a borné à la stérile imitation de quelques fleurs agréables, par-tout on s'est contenté de le faire servir à l'ornement des femmes, à la décoration des desserts, à celle des fêtes publiques. Il étoit réservé à la France de produire un artiste, assez ingénieux pour réussir à perfectionner les anciens procédés des fleuristes. Mais ces procédés n'avaient pas seulement besoin d'être perfectionnés, il fallait en créer de nouveaux ; il serait injuste de croire que l'art de fabriquer toutes sortes de plantes, avec leurs divers caractères, n'est que la suite de l'art de fabriquer les fleurs.

Le cabinet d'histoire naturelle de Paris est déjà la collection la plus florissante des productions de la nature qui soit en Europe. Cet établissement, si considérable et si bien conduit, ne pouvait, dès sa naissance, manquer de devenir célèbre, et d'attirer des spectateurs. On sait qu'il en vient de tous états, de toutes nations, et en si grand nombre, que dans la belle saison les salles y suffisent à peine. On y reçoit douze ou quinze cents personnes toutes les semaines.

L'utilité qu'un rassemblement si curieux des merveilles des divers pays du monde offre tous les jours aux sciences est reconnue. Or, ce Cabinet est extrêmement pauvre en productions végétales ; elles ne consistent qu'en une suite de racines, d'écorces de bois, de gommes et d'autres sucs de végétaux. N'est-il pas permis de croire que les plantes artificielles pourront compléter ces collections, et que le temple qui leur sera consacré, en servant à la gloire des arts et des sciences, contribuera aussi à embellir cette grande cité?

Ces plantes paraîtront dans ce temple aussi remplies de fraicheur et de vie que nous les voyons dans la nature. Douce et agréable illusion! En regardant leurs fleurs, on croira être au milieu d'une narite campagne, à l'instant même du premier reveil de la nature, où l'aurore les humecte de rosée, insinue dans leur calice, et semble leur faire une douce violence, pour les inviter à se reproduire encore, à déployer de nouveau tous leurs trésors.

On entreprend tous les jours des voyages dans les pays lointains, pour en admirer les raretés! Croit-on qu'un pareil édifice n'attirerait pas les hommes curieux des diverses parties du monde, et qu'un étranger un peu lettré pût se résoudre à mourir, sans avoir vu une fois la nature végétale dans son palais?

Quels nouveaux titres de gloire pour la France, si l'établissement qu'on lui propose est adopté dans ce moment de régénération universelle! Des nations rivales pourraient peut-être tenter de le lui ravir, mais la

France, en les prévenant, se hâtera de montrer que le soufle de la liberté, loin de dessécher les arts, les féconde et les vivifie.

CHAPITRE VIII.

De la Manufacture des Végétaux, vue sous un coup d'œil philosophique et moral.

Si la vue d'une belle campagne pénètre le cœur d'une satisfaction pure et constante ; si la seule vue d'une plante sourit à l'imagination de l'homme sensible ; il doit nous être permis de croire que l'imitation artificielle des végétaux, telle que nous l'annonçons, fera passer dans le cœur des amis de la nature quelque chose de ces émotions ineffables qu'on éprouve à l'aspect des végétaux naturels.

Le cabinet national des végétaux doit former un jour le plus riche amphitéâtre. Là, régnerait, pour la vue, un printemps perpétuel : ou plutôt cet auguste ensemble de toutes les plantes des diverses saisons offrirait un composé délicieux des productions de tous les mois de l'année. Le printemps y paroîtrait avec ses hépatiques, ses violettes, ses jacyntes ; l'été avec son lilas, ses tulipes, ses thlaspis; l'automne avec ses pyramidales, ses balsamines, ses colchiques; l'hiver avec ses sedums, ses immortelles et ses perce-neiges. Là se distingueraient les trompes du chevrefeuille animées d'un si bel aurore, les oreilles d'ours disputant aux primes-veres leur éclat, les faisceaux jonquilles des genestroles, les épis violets de l'amorpha semés de paillettes d'or, les boules blanches des céphalantes, les vases superbes des althéas.

Là, l'œil admirerait les tons si variés de la verdure, et toutes ces feuilles simples, pleines, ciselées, guillochées, bosselées, lisses, luisantes, festonnées, découpées, dont l'art a emprunté une foule d'enjolivement.

L'esprit est toujours agréablement frappé des couleurs brillantes des fleurs. Mais parmi elles combien retracent à l'imagition d'agréables souvenirs : les étrangers aimeront à retrouver les plantes qui croissent dans leur patrie. Les viellards, les fleurs qu'ils ont cultivée dans leur jeunesse; les botanistes, celles qu'ils ont recueillies à travers mille périls sur les escarpemens des montagnes. Avec quel empressement les ames sensibles y saisiront ce caractère que l'histoire a attaché à certaines herbes, comme aux simples graminées, qui ont servi chez les Romains à couronner les grandes actions : avec quel attendrissement J. J. Rousseau y eût reconnu la pervanche !

Et qui n'a pas entendu quelquefois cette éloquence muette des plantes et des fleurs ; chacune d'elles nous fait éprouver un sentiment différent. Qu'elle morale douce et aimable nous prêche la rose fragile ! la houpe volage du pissenlit, est l'image de l'inconstance. Le lierre couvrant de sa verdure éternelle le tronc d'un chêne antique, est le simbole d'une amitié qui doit vivre au-delà du temps. Une couronne de bleuets, par sa couleur d'azur, donne à l'enfance une phisionnomie presque céleste. Qui n'a pas rêvé quelquefois à la gloire, en regardant un rameau de laurier, et à la mort, en voyant un sombre cyprés !

CONCLUSION.

PARVENUS au terme que nous nous sommes proposés en commençant cet ouvrage, nous croyons avoir démontré les nombreux et solides avantages que la Manufacture des Végétaux doit offrir, soit au commerce, soit à l'histoire naturelle en général, et sur-tout à la physique, à la botanique, à la chimie, à la médecine : aux arts et métiers, et sur-tout à la peinture, au dessin. à l'agriculture, à la broderie, à toutes les manufactures qui nécessitent des modèles de plantes.

Il est démontré que la situation actuelle de la France, loin d'être un obstacle à l'exécution de ce projet, exige au contraire que son exécution soit plus prompte et plus entière.

En rappelant que les malheurs inévitables, causés par la suppression de plusieurs branches de commerce, ont peuplé la république, et spécialement Paris d'une multitude infinie d'ouvriers oisifs, nous croyons avoir démontré que les atteliers de charité, qui existent aujourd'hui sont dispendieux et très-insuffisans.

Nous nous sommes arrêtés avec une secrète complaisance à cette impression d'étonnement que ferait l'établissement de la Manufacture des Végétaux sur les nations voisines et rivales.

Pouvons-nous le dissimuler ? l'Europe entière a depuis quelque temps, les yeux fixés sur nous. Elle observe avec inquiétude qu'elle sera l'influence de la révolution française, sur la prospérité nationale, sur les progrès des sciences et la perfection des arts.

Déjà, des auteurs malveillans ont semé de toute part le bruit injurieux que le commerce était à jamais perdu pour la France ; que les découvertes ne seraient plus accueillies parmi nous avec transport, comme dans le siècle de Louis XIV.

Ce projet présente une nouvelle occasion de confondre ces calomnies, et de montrer à l'univers que la nation française n'a mis des bornes aux dépenses frivoles, que pour encourager plus efficacement les découvertes vraiment utiles.

C'est

C'est donc avec cette confiance qu'inspire la certitude d'avoir fait une découverte glorieuse, que son auteur la met sous la protection immédiate des représentans de la nation ; établis pour régénérer la patrie, avec quel enthousiasme ne doivent-ils pas accueillir tout ce qui tend à perfectionner les arts, vivifier le commerce, et étendre l'empire des sciences ? Avec quelles armes pourra-t-on encore combattre le nouvel ordre des choses, si toutes les déclamations sur la décadance des arts et métiers s'évanouissent.

La France tirera alors autant de gloire de ses manufactures, que de la culture de ses terres. En peu de tems, le choc opéré par le renversement de quelques fortunes, deviendra insensible. L'équilibre se rétablira dans le commerce et la prospérité de l'état n'aura plus de bornes.

PIÈCES

RELATIVES AU PROJET D'ETABLIR EN FRANCE UNE MANUFACTURE DE VÉGÉTAUX ARTIFICIELS.

N°. 1.

DISCOURS prononcé à la barre de l'Assemblée Nationale Constituante, le 16 Novembre 1790, au soir, par T. J. VVenzel, en présentant son projet d'établissement d'une Manufacture de Végétaux artificiels.

Messieurs,

Encouragé par la protection que vous daignez accorder aux Arts, dont vous vous faites journellement un devoir d'accueillir les productions, j'ose vous supplier de donner un instant d'attention à un projet d'utilité publique, qui est le résultat de quatorze années de méditations et de travaux. Porté par goût, dès mon enfance, à un état voué à la frivolité et au luxe, j'ai cherché à lui donner un objet plus digne de l'homme, qui doit mettre toute sa gloire à mériter l'estime et la considération de ses concitoyens. C'est, j'ose le dire, à cette noble ambition que je dois mes succès dans l'art de fleuriste. Cet art, jusqu'à présent destiné à la décoration des spectacles, et à l'ajustement des femmes, n'offrait qu'un objet de commerce très-borné, et très-contraire au goût, parce qu'il s'éloignait de la nature dont il devait être l'imitation parfaite.

J'ai imaginé qu'on donnerait une extension très-utile à ce commerce, en imitant rigoureusement les effets merveilleux de la végétation.

J'ai compris qu'on ne pouvait trop bien représenter ce qu'on avoit tant d'intérêt de connaître pour le progrès des sciences et des arts, et pour notre utilité personnelle. Je me suis donc appliqué à trouver les moyens de représenter la nature telle qu'elle est, de construire une plante telle que nous la voyons dans le site où elle croît, d'imiter son port et la direction de sa tige, de saisir avec précision le nombre des feuilles, des échancrures, et des fibres; de rendre les diverses nuances et les couleurs des fleurs et des plantes.

Je n'oserais m'étendre sur l'utilité de mon établissement, si un honorable membre de cette assemblée, Monsieur Guillotin, si Monsieur de Jussieu lui-même, n'avaient prononcé que l'exécution des plantes en relief, seroit du plus grand avantage pour l'instruction continuelle des naturalistes. Mais il ne suffisait pas d'appercevoir l'utilité que mon établissement présenterait aux arts, aux sciences et au commerce, il fallait encore s'occuper des moyens de lui assurer cette utilité; c'est la partie de mon travail, qui, je crois, n'est pas la moins digne de votre attention. Je me suis donc particulièrement appliqué à bien déterminer les moyens d'exécution propres à faciliter l'achat des végétaux artificiels, et d'occuper le plus grand nombre d'ouvriers possible. C'est pour cela que, désirant concourir à vos vues de bienfaisance, suivant mes foibles forces, j'ai formé le projet d'élever sous votre protection, une manufacture de végétaux artificiels.

J'y réunirais la classe des indigens, qui mérite le plus de toucher votre commisération. Les femmes, les jeunes personnes, les infirmes gagneraient dans ces attteliers de quoi fournir à leur subsistance, et se soustraire aux horreurs du déshoneur, de la faim, et du désespoir. Je serois dans le cas d'employer, d'après le seul apperçu des demandes qui me sont faites uniquement pour ajustement, plus de quatre mille de ces infortunés. C'est pour mettre l'assemblée à même de juger de mes plans, et de leur utilité, que je la prie de permettre qu'ils soient soumis dans tous leurs détails, à l'examen de l'un de ses comités, pour que, d'après son rapport, elle veuille bien décider quel genre de protection je pourrai recevoir d'un aussi auguste assemblée dont je m'honorerai toujours de mériter les suffrages et les encouragemens.

N°. 2.

EXTRAIT
DU PROCES-VERBAL
DE L'ASSEMBLÉE NATIONALE,
Du 16 Novembre 1790.

M. Wensel, fleuriste, a présenté une adresse par laquelle il fait hommage à l'Assemblée, d'un projet qu'il a conçu pour l'établissement d'une manufacture de plantes artificielles, qui occuperait utilement pour eux, un grand nombre de femmes et d'enfans.

M. le président a répondu :

L'assemblée nationale s'est déjà occupée des moyens de raviver le commerce et les arts, ainsi que de ceux de multiplier les travaux pour les citoyens qui sont sans fortune. Tous ceux qui voudront concourir à ces vues, ne pourront que bien mériter de la patrie. Vous venez faire hommage à l'assemblée d'une découverte aussi utile qu'agréable.

Vous avez pour objet la plus parfaite imitation de la nature; ces vues seront appropriées aux arts de luxe, mais elles le seront aussi à la science de la botatique, à une science d'une étude aussi vaste et aussi longue.

L'assemblée prendra votre demande en considération ; elle vous permet d'assister à sa séance.

On a demandé le renvoi de cette adresse au comité d'agriculture et de commerce, et ce renvoi a été décrété.

Collationné à l'original, par nous secrétaires de l'assemblée nationale à Paris, ce 18 novembre, 1790.

BROSTARET, L. J. H. CORROLER, D'ELBHECQ, LANJUINAIS.

N°. 3.

OPINION

DU CITOYEN DESBOIS ROCHEFORT,

Sur le projet d'établir en France une Manufacture de Végétaux artificiels.

T. J. Wenzel m'a prié d'examiner son projet *d'établir en France une Manufacture de Végétaux artificiels.* Il requiert de moi un avis écrit, qu'il est dans l'intention de publier, avec les avis que lui donneront les personnes auxquelles il a soumis son mémoire.

Le rédacteur de ce mémoire écrit, non seulement en homme convaincu de la bonté de la méthode de Wenzel, et de la possibilité de son exécution ; mais encore en homme fortement épris des effets heureux qui doivent en résulter pour la prospérité du commerce, la perfection des sciences et des arts et l'embellissement de Paris.

J'abandonne bien volontiers aux gens de l'art l'examen de la théorie et de la pratique de cette nouvelle branche d'industrie : mais malgré le regret que j'ai de savoir encore sous le secret la police qui la concerne, je crois ne pas devoir me refuser à un léger développement des idées qu'elle ma fait naître. Elles tiennent au point de vue politique et moral qu'elle présente, et sur lequel je puis raisonner le moins imparfaitement.

Dans la place que j'occupe et dans laquelle je ne sais quel concours de circonstances a multiplié sous mes yeux tous les genres de misères qui assiègent depuis longtems cette ville, il est impossible de ne pas être profondément ému de l'immensité du nombre de familles qui vont ne plus y trouver leur subsistance.

L'accablement augmente, lorsqu'en homme un peu instruit du physique et du moral de nos ouvriers, je médite sur les moyens employés par l'administration pour lutter contre le malheur des circonstances et contre l'oisiveté forcée de la classe indigente de nos concitoyens.

Législateurs et administrateurs ! (1) vous employez à remuer la terre, à balayer nos rues, à nétoyer nos égoûts les bras des ou-

---

(1) Ces reproches s'adressaient à l'Assemblée Constituante.

vriers dont les mains exécutaient n'aguères les ouvrages les plus délicats, les chef-d'œuvres de nos arts agréables, dont les talens préparaient les jouissances les plus raffinées d'un luxe excessif. Vous exposez sous nos yeux, sous ceux des étrangers qui viennent encore nous voir, aux approches de cette magnifique ville des atteliers d'ouvriers et d'artistes transformés en terrassiers. Ah! pardonnez une foule de sentimens pénibles qui environnemt votre bienfaisance (on est convenu de ce nom) cette bienfaisance qui réussit si bien à publier et le malheur et le bienfait.

Ainsi vous dénaturez les talens qui faisaient votre gloire et votre richesse. Vous détruisez la brillante hiérarchie des talens; en les confondant, et sur-tout en liant au même joug l'homme dont l'éducation a été longue et dispendieuse, et l'homme qui n'a que des bras et des besoins. Ainsi, en les appliquant à des travaux pour lesquels la plûpart ne sont pas faits, pour lesquels même la nature leur refuse des force, vous leur inspirez le goût de la plus crapuleuse oisiveté. L'ouvrage que vous leur donnez, n'est susceptible d'aucun dégré de perfection. Vous desséchez par-là tout les germes d'émulation. Je vous réponds que ces ouvriers perdus pour les arts, ne manieront jamais de nouveau le diament ou l'or, le pinceau ou le ciseau. Hélas ! combien de ces ouvriers ont déjà quitté leur patrie qui a négligé leurs talens, et ne leur a offert dans le besoin que des travaux qu'ils dédaignent, et ne les font pas subsister.

Il falloit imiter l'exemple que depuis longtems quelque grandes villes nous ont donné dans des circonstances pénibles et critiques. Qu'ont-elles fait ? Elles ont cherché à entretenir leurs Manufactures, ont aidé les chefs, ont fourni des matières premières, ont payé des salaires, ont répandu des secours secrets, considérables et constans dans les familles nombreuses des ouvriers, ont cherché des débouchés, ont entassé dans les magasins pour attendre le moment d'une vente moins défavorable, et se sont préparés aux plus grands sacrifices. C'est avec cette grande manière de voir et d'agir, qu'elles ont réussi à retenir leurs ouvriers, à conserver leurs arts. Que dis je ? Elles ont même profité de la détresse, pour obtenir des ouvrages plus parfaits.

Et vous ! vous avez négligé de rassembler vos corps de marchands, vos chefs de Manufactures, vos artistes célèbres. Ils vous auraient fait connaître tous les véritables ouvriers qui sont dans le besoin, tous les commerçans qu'il falloit aider. Vous avez négligé de rechercher les inventeurs d'une multitude de procédés qui n'attendent que les regards du gouvernement, que des bras et quelques avances pour étonner l'Europe et enrichir votre commerce. Vous n'avez pas invité tous les bons esprits à vous communiquer leurs lumières. Vous n'avez pas même étudié tous les genres d'occupations qui étaient à votre disposition, et qui étaient même nécessaires à cette ville. Ah ! C'est dans cette imposante assemblée des marchands, des artistes, de tous les talens, de toutes les lumières dans cette assemblée mille fois plus puissante pour les secours qu'une réunion de gens opulens, que vous auriez découvert ou encouragé tous les genres d'industrie, que vous auriez connu toutes les ressources pour donner des ouvrages analogues aux talens de chacun, pour faire naître de nouvelles branches de commerce, ouvrir de nouvelles routes à celui que vous aviez déjà. C'est véritablement dans cette communication de bons citoyens, des hommes de lumières, que vous auriez trouvé les léviers nécessaires pour relever les arts languissans ou abattus.

Quelle a été ma douleur, lorsque j'ai vu applaudir par cette ville, et accueillir par le comité de mendicité, le projet d'employer nos ouvriers au desséchement des marais ; le projet d'un canal, par *Bruslé*, pour occuper un nombre prodigieux d'hommes ! Quoi ! C'est à ces travaux que vous voulez les réduire ? Que n'envoyez-vous aux mines vos lapidaires et vos bijoutiers ? Il y aurait plus d'analogie. C'est étouffer, poignarder les arts.

Ne vous y trompez pas, vous n'avez presque que des ouvriers à secourir. Une grande partie de vos *forts* a disparu : ils ont été chercher ailleurs des travaux et des fardeaux. Il n'a même jamais existé, à Paris, de cette classe d'hommes, que dans la proportion où elle était nécessaire et occupée.

Renvoyez sans délai vers leur patrie, les mendians qui en ont une, les hommes sans métier ni profession, s'ils sont valides, la plûpart de ceux qui vous obsèdent, n'appartiennent point à cette ville. Elle n'est point le lieu de leur naissance. Il ne vous restera alors qu'un bien petit nombre de nos concitoyens qui seront propres au genre de travail, ou si vous voulez, de bienfaisance, que vous avez et tant et si malheusement multiplié. Mais alors vous aurez à découvert un grand nombre d'habiles ouvriers et d'artistes intéressans, qu'il ne sera ni si difficile, ni si coûteux d'employer convenablement.

Une très-sage politique, fondée sur une expérience certaine, a constamment cherché à écarter de cette ville, les manufactures des objets qui n'étaient ni de luxe ni d'agrément. Et vous! vous élevez des atteliers immenses du genre le moins utile, le plus dégoûtant, et le moins approprié aux lieux et aux personnes.

Je n'insisterai pas sur l'inconvénient qu'ont ces atteliers publics, de n'appeler dans leur sein que les hommes paresseux, et de faire disparaître, à force de dépenses, de dessus la liste des secours les honnêtes indigens de tous les âges, de toutes les professions, qui les réclament à de bien plus justes titres. Ainsi la bienfaisance publique, épuisée en faveur d'une multitude de gens sans aveu qui provoquerait plutôt la surveillance que les dons de la société , n'a ni le tems, ni les moyens de s'occuper de la partie la plus intéressante, la plus respectable et la plus irrémédiablement malheureuse de nos concitoyens.

Mais le plus grand reproche qu'on doive faire à ces atteliers , après leur absolue inutilité, leur affreuse disconvenance, leurs résultats immoraux et impolitiques, c'est d'entraîner dans des dépenses énormes. Je ne m'occuperai pas de ces frais, sous ce point de vuë, qu'en employant à la terrasse des hommes qui n'y sont pas propres, leur travail n'est pas dans la proportion des salaires ; que des enfans, des vieillards ne travaillent pas à ces atteliers de manière à mériter un salaire ; je ne porterai pas non plus l'œil de la censure sur la déprédation occasionnée par le régime abominable de la police des atteliers. Ne considérons que la dépense, en faisant toutes les abstractions possibles. On a élevé dans le public des doutes sur les cinq cents et tant de mille livres qu'a coûté la démolition de la Bastille:

fermons les yeux sur cette inconcevable dépense : nous n'avons plus de Bastille : ses cachots n'existent plus : nous aurions dû payer de ntore sang la destruction de cet horrible monument du despotisme.

Que n'ont pas coûté nos atteliers depuis le mois d'avril 1789 ? Il y a des jours où ils ont coûté plus de vingt-quatre mille livres. Il n'y a pas encore de jour où ils ne coûtent plus de six mille livres. C'est la plus petite évaluation. Je le dis avec l'expérience la plus décidée en matière de secours : la moitié des sommes employées pendant l'été à nos atteliers de terrasse, eût été plus que suffisante pour secourir honorablement, convenablement les pauvres de tous les genres, pendant l'hiver le plus sévère et le plus long. Et certes, les rigueurs de celui de 1789-1790 n'ont pas exigé la moitié des sacrifices, que l'administration de la ville a faits pendant l'été dernier.

Mais qui pourra frayer à ces énormes dépenses ? Est-ce le trésor de la ville, déjà si arrièré, et qui évidemment ne peut fournir au régime de la cité, sans une imposition extraodinaire ? Espérez-vous que le trésor national, dans l'état où il est, se chargera

chargera de cette dette d'une ville particulière ?

Il est donc tems de rénoncer à ces atteliers ou de les réduire, et de recourir à une manière plus utile, mieux assortie et moins dispendieuse, de soulager les habitans de Paris.

Ces réflexions me conduisent à l'examen politique et moral du projet de Wenzel. Avec quel à-propos il me paraît naître dans ces circonstances et dans cette capitale !

Encore une fois, je ne puis juger ni les procédés artificiels de cet inventeur, ni la police de son établissement. Mais il propose d'instruire et d'occuper trois mille cinq cents femmes au moins. C'est à cet emploi, d'ailleurs si convenable, d'un grand nombre de femmes, que je borne mes réflexions. C'est ce point de vue qui fixe mon assentiment à ce projet, en le subordonnant toutefois à la décision de l'académie sur le mérite de la méthode artificielle.

Des hommes d'un grand sens et d'une expérience consommée, ont déjà parlé de l'absurdité et même de la cruauté de nos usages et de notre législation à l'égard du travail des femmes. La multitude des victimes publiques et particulières du libertinage, l'avilissement des femmes pauvres et honnêtes, la misère presque générale et absolue des femmes du peuple dans leur vieillesse et dans leurs infirmités, parlent encore plus éloquemment que toutes les plaintes de la philosophie.

Les hommes ont envahi et envahissent journellement tous les arts, tous les travaux que la nature, la raison, la décence même et une bonne politique leur contestent, et ont destinés aux femmes. Ce sont les hommes qui les chaussent, les coëffent, les habillent, font leurs *corps*, les accouchent, leur apprennent à chanter, à dessiner, à danser &c. Ce sont les hommes qui travaillent aux tapisseries, font le filet, la gaze, brodent, président aux boutiques de modes &c. Le luxe a trouvé le moyen de chasser les femmes de plusieurs états de domesticité, tels que la cuisine en chef, le lavage dans les cuisines &c. Ce sont les hommes qui entreprennent en grande partie le blanchissage dans cette ville. Il n'existe en faveur des femmes aucune institution publique et gratuite, aucune école de dessin, de peinture &c. Faut-il que les femmes riches ayent elles-mêmes conspiré à la plus grande partie de ces abus par la folie, l'immoralité de leurs goûts? Aussi c'est à elles, qui influent tant sur l'esprit public, plutôt qu'à de nouvelles loix, à réparer ces torts meurtriers qu'elles ont envers leur sexe.

Qu'est-il résulté en effet de ces exécrables abus? C'est qu'une fille est destinée, dès l'âge de quinze ans, à végéter dans des occupations sans gloire et sans profit. C'est qu'il est resté aux filles très-peu d'états qui leur rapportent plus de quinze sols par jour. Or, comparez le gain destiné à son travail journalier, ce gain si souvent intercepté par les fêtes, par les maladies, par le non-emploi, ce gain dont elle est quelquefois injustement frustrée, à toutes les nécessités de la vie. Avec ce gain, une fille peut-elle fournir à sa subsistance, à son habillement, à son loyer, à se chauffer, à s'éclairer, à se blanchir, à se soigner en maladie, à se précautionner contre la vieillesse &c. &c. Hélas! n'arrive-t-il pas souvent qu'elle est encore chargée du soin des auteurs de ses jours, de ses parens malades ou vieux et pauvres?

Qu'est-il résulté de ces abus? Les mœurs

et l'humanité se couvrent d'un voile, et se baignent de larmes. O pudeur !

On repond que les femmes sont trop faibles pour une partie de ces ouvrages. Les femmes sont trop faibles ! Mais qui a plus de patience qu'elles ? Et n'est-ce pas la vertu des arts ? Elles sont faibles ! Qui a donc plus de courage qu'elles, supporte mieux la douleur et la faim, triomphe avec plus de succès du travail du jour et de la nuit, se laisse moins abattre par les difficultés ? Elles sont faibles ! Mais parcourez nos marchés le jour et la nuit, et examinez sans frémir les fardeaux qu'elles portent. Entrez dans cette chambre de malade, et voyez comme cette femme, après soixante jours de veille, sans avoir pris de repos, sans s'être déshabillée, soulève encore le malade le plus puissant, le remue le change et lui prodigue les soins les mieux entendus et les plus pénibles. Elles sont faibles ! Je connais une femme, encore jeune et belle, qui, dans une boutique de fourbisseur, exécute avec le marteau et le ciseau ce que cet art a de plus pénible. Eh ! est-il toujours question de force ? Il paraît dans ce moment un projet et un essai d'imprimerie par des femmes : l'exécution est magnifique.

On répond que les femmes n'ont pas de goût, ou en ont moins que les hommes. Ah! c'est le langage des femmes sans pudeur, sans morale et qui n'ont pas le sens commun, ou des hommes intéressés à soutenir leur injustice. Qui a plus de goût qu'elles? Qui fait plus la fortune des objets de goût? Quel est celui des deux sexes auquel la nature, cette souveraine dispensatrice des talens, a accordé le plus de goût dans les choses d'agrément? Auquel même des deux sexes le goût est-il le plus nécesssaire? Il n'est que trop vrai que que nous les avons écartées de nos prétendues écoles de goût. Ah! c'est se faire de ses injustices un droit meurtrier. Oui, il faut que votre goût soit un préjugé. Vous avez arrêté de ne trouver de bon que ce que vous feriez, et de trouver détestable ce que les femmes feraient de plus parfait. Leurs vices seuls sont bons! Vous n'êtes ainsi pas moins injustes envers les femmes, que vous ne l'êtes envers votre patrie, votre nation, lorsque vous recherchez, avec tant d'avidité, les productions d'un sol étranger, les marchandises d'une nation rivale.

Mais si, graces à nos folies, à nos préjugés, à nos usages barbares, les femmes du peuple ont été constamment malheureuses parmi nous, combien leur malheur s'est encore accrû par la révolution, au-moins pour le moment? Presque tous leurs ouvrages ont cessé, ou par l'émigration des nobles, ou par l'obligation à laquelle la bourgeoisie se trouve réduite de faire chez soi tout ce qui la concerne en couture, en modes, en blanchissage de fin, en raccommodage &c. Leur malheur est-encore augmenté par le licentiement de nombre de femmes-de-chambre, de femmes-de-charge, de filles-de-boutique, de demoiselles-de-compagnie, par la difficulté la presqu'impossibilité de se mettre en apprentissage, de se placer à l'année, par la rareté des ouvrages en robes, en dentelles &c. Mais sur-tout qu'elle est grande la multitude des demoiselles, nées et élevées au milieu du luxe et des superfluités de cette ville, qui n'ont que des talens agréables, et que la perte des pensions et de l'état de leurs pères et de leurs familles va précipiter dans la plus profonde indigence !

J'applaudis de tout mon Cœur à l'ingénieux artiste qui se propose d'employer un grand nombre de femmes, dans sa manufacture de végétaux artificiels.

Je pense donc qu'on ne peut trop bien accueillir son projet, et procéder trop tôt à son exécution.

Cette approbation tient singulièrement à l'idée précieuse que M. Wenzel offre d'employer un grand nombre de femmes dans sa manufacture. Quant à l'organisation des atteliers, je ne puis encore en dire mon avis, puisqu'elle est sous le voile.

Fait à Paris, ce 15 octobre 1790.

DESBOIS-DE-ROCHEFORT.

N°. 4.

Pierrefite, ce 3 Décembre 1790.

LETTRE

Du Citoyen Gouffier, au Citoyen Wenzel.

MONSIEUR,

UN voyage que j'ai fait m'a empêché de répondre plutôt à la lettre que vous m'avez fait l'honneur de m'écrire, dans laquelle vous me demandez mon sentiment sur l'établissement d'une Manufacture de Végétaux artificiels. J'avais déjà entendu parler avantageusement de ce projet, et je vous avoue franchement que malgré ce qu'on m'en avait dit, je n'étais pas convaincu de son utilité, ni même de sa possibilité; je n'y voyais qu'un objet de luxe, dont la frivolité s'accordait mal avec l'économie nécessaire, à la liquidation des dettes de l'état; mais aprés avoir lu avec attention le prospectus que vous m'avez adressé, j'ai reconnu combien cette manufacture peut être utile aux arts et aux sciences, ainsi qu'au moyen si inappréciable de faire vivre un grand nombre de citoyens.

La seule difficulté dont vous auriez à vous défendre, c'est celle de rendre avec une grande vérité le port des plantes exotiques peu ou point connues; car si nos meilleurs dessinateurs ne sont pas très-fidèles à rendre la nature dans celles qu'ils imitent, il faudra que vous soyiez bien sûr des gens que vous enverrez dans les régions éloignées pour compter sur une exactitude minutieuse, telle qu'il la faut pour ces sortes d'ouvrages; mais vous n'employerez certainement à cette partie intéressante, que des artistes d'un talent consommé, et dont vous connaîtrez l'honnêteté.

C'est donc avec infiniment de plaisir que je vous fais mon sincère compliment sur votre projet et sur le généreux civisme avec lequel vous le proposez, bien digne de toute la reconnaissance de vos concitoyens et de la faveur de l'Assemblée nationale.

Comme je m'occupe beaucoup de culture, et particulièrement de celle des fleurs, je serai fort aise de vous offrir, si cela vous est agréable, lors de la floraison, quelques beaux modèles dans différentes espèces, comme tulipes, œillets, auricules, renoncules, semidoubles, anémones, etc. Je crois pouvoir vous assurer que vous n'en trouverez nulle part de plus belles que celles que je possède ; c'est le fruit d'une correspondance non interrompue avec les meilleurs fleuristes, le plus grands curieux connus. M. Vanspaendonck, à qui j'en ai donné plusieurs fois, pour la composition de ses superbes tableaux, pourra vous en donner des nouvelles. Un artiste estimé, monsieur Martinet, en a dessiné et gravé plusieurs pour accompagner un ouvrage que j'avais entrepris sur cette charmante partie du régne végétal et que j'ai été obligé de suspendre. Vous jugez, d'aprés cela, si je serai des derniers à aller admirer votre superbe cabinet; si, comme je l'espère, vos projets réussissent.

COUFFIER,

De la société d'Agriculture.

N°. 5.

Paris, ce 10 Octobre 1790.

LETTRE

De Mirabeau, l'aîné, à T. J. VVenzel.

JE me hâte, Monsieur, de vous témoigner combien la lecture de votre projet d'établir en France une Manufacture de végétaux artificiels m'a été agréable et m'a inspiré d'intérêt. Je n'ai point d'observations particulières à vous communiquer : sous tous les rapports, votre idée est admirable, et vos talens me donnent la confiance que vous êtes très-propre à lui donner son exécution; je désire vivement d'en voir le succès, et si je puis y contribuer en quelque chose, je seconderai de tout le mien votre zèle pour un établissement utile et honorable à la nation.

MIRABEAU, *l'aîné*.

N°. 6.

LETTRE

De La Cepede, à T. J. VVenzel.

J'ai reçu, Monsieur, avec beaucoup de reconnaissance la lettre et le livre que vous m'avez fait l'honneur de m'adresser; je vous prie, Monsieur, d'être aussi convaincu de l'empressement avec lequel je vais lire votre ouvrage, que je le suis d'avance du plaisir avec lequel j'y applaudirai. Personne ne rendra plus de justice que moi, monsieur, à vos talens, à vos lumières, à votre zèle pour l'avancement des sciences naturelles, et à votre amour pour le bien public.

Au Jardin des Plantes, le 9 octobre 1790.

LA CEPEDE.

N°. 7.

LETTRE

De Cadet Gassicourt, à T. J. VVenzel.

JE vous remercie infiniment, Monsieur, d'avoir bien voulu me procurer la lecture de votre ouvrage, sur le projet d'établir en France une Manufacture de Végétaux artificiels; je desire beaucoup que l'Assemblée nationale adopte un plan aussi vaste, aussi utile pour le salut et le bien de l'humanité.

Ce 16 Octobre 1790.

CADET DE GASSICOURT.

N°. 8.

LETTRE

De Guillotin, à T. J. Wenzel.

J'ai reçu, Monsieur, le projet d'établir en France une manufacture de végétaux artificiels, cet établissement sera de la plus grande utilité à tous égards. J'applaudis d'autant plus volontiers à vos idées, que m'étant occupé il y a quelques années d'un projet d'établissement de jardin de plantes artificielles pour l'instruction continuelle des naturalistes, j'avais déjà pressenti les avantages qu'en pourroit tirer la société, et que vous développez dans votre ouvrage. Soyez persuadé, Monsieur, que je mettrai le plus vif intérêt à l'exécution de votre projet, et que je l'appuyerai de tout mon pouvoir.

GUILLOTIN.

No. 9.

OPINION

DU CITOYEN JUSSIEU,

Sur le projet du Citoyen VVenzel.

J'AI reçu hier un livre intitulé : *Projet d'établir en France une manufacture de végétaux artificiels, etc., par M. Wenzel*, qui m'a été adressé par Edmon Cordier, membre et agent de la société des Neuf-Sœurs, avec prière, au nom de la société de lui en donner aujourd'hui mon avis.

M. Wenzel m'en avait déjà envoyé un exemplaire il y a quelque temps, en me faisant la même prière. Détourné maintenant par des occupations d'un autre genre, je n'ai pu que parcourir à la hâte cet ouvrage. Il m'a paru annoncer un artiste intelligent, qui a pu imaginer des procédés particuliers pour perfectionner la fabrication des fleurs artificielles. Il en peut résulter un avantage pour le commerce national ; et sous ce point de vue, la nation devra sans doute favoriser cette branche d'insdustrie.

Je crois qu'on doit savoir gré à un artiste de perfectionner un art qui a déjà fait quelques progrès , mais qui pourra en faire de beaucoup plus grands.

Les dessins coloriés sont utiles ; l'exécution des plantes en relief aura une utilité d'un autre genre , et sera sur-tout recherchée pour les classes de plantes grasses, telles que les ficoïdes , cierges, euphorbes, joubarbes, champignons , dont on ne peut conserver les formes et les caractères dans les herbiers , et que l'on ne parvient même jamais à bien dessécher. Il seroit sur-tout avantageux de fixer par une imitation exacte la forme et la structure des champignons dont la plupart n'ont qu'une existence éphémère, et qui dès-lors ne peuvent se présenter avec ordre aux élèves dans les démonstrations botaniques.

Ce 15 octobre 1790.

DEJUSSIEU.

N°. 10

OPINION

De Bernardin Henry de Saint-Pierre.

Une collection de plantes de tous les pays, imitée avec autant de perfection que T. J. Wenzel peut l'éxécuter, me semble devoir intéresser le commerce, les arts et l'étude même de la botanique; pour moi, je la regarderai comme un temple végétal élevé à la nature par la main des hommes; et si ce temple est ouvert en tout temps au public, j'irai quelque fois y admirer la providence pendant l'hiver.

N°. 11.

LETTRE

De Boncerf, à T. J. Wenzel.

LA manufacture dont l'écrit que vous m'avez adressé, présente le projet, me paraît du plus grand intérêt pour les sciences les arts et le commerce. Je suis persuadé de sa possibilité par les chefs-d'œuvres que produit l'art du fleuriste. Elle doit devenir un objet de commerce important, car bientôt il se formerait de ses produits un grand nombre de cabinets dans toute l'Europe, pour faciliter l'étude de la botanique, du dessin et de la peinture, qui bientôt varieraient à l'infini nos meubles où l'imagination prodigue, les ridicules arabesque, faute d'avoir des objets vrais à offrir à nos yeux. L'exécution de votre projet lève les difficultés que présente l'étude de la botanique, cette si belle et si utile partie de l'histoire naturelle. Nous avons tant à réformer dans notre éducation, dont on a en quelque sorte exclu les principaux instrumens, les yeux et les mains! Si je vois la jeunesse acquérir avec plaisir dans vos riches galeries, des connaissances dont il est honteux qu'elle n'ait pas de notions, ce sont ces yeux et ces mains que je demande qu'on employe en établissant des écoles de tous les arts et métiers dont le besoin se fait sentir tous les instans de la vie; j'ai proposé de destiner plusieurs de nos colléges à cet enseignement.

La théorie, la mécanique et les procédés y seraient démontrés, ainsi que la chymie et l'histoire naturelle. Votre talent ajoute à mes vues ce que je n'avais osé y comprendre ni espérer. Vous enrichissez donc un plan dont je poursuivrai l'exécution, car il faut que les arts et les sciences, indemnisent Paris de ses pertes, et rendent aux artistes ce que la révolution leur enlève. Si j'ai présenté d'abord mes vœux pour les gros ouvriers, c'est que cette partie étoit plus prompte et plus facile à exécuter.

Mais les arts et les artistes ne m'interressant pas moins, l'espérance seule de les voir secourir, est déjà une jouissance, et vous me la procurez.

Le 13 octobre 1790.

BONCERF.

N°. 12.

LETTRE

Du Citoyen Ventenas, à T. J. VVenzel.

JE fûs trop indisposé hier, pour pouvoir me rendre à l'assemblée des naturalistes. Je me serais acquitté avec le plus grand plaisir de la promesse que je vous avais faite. J'espère être parfaitement rétabli la semaine prochaine, et je ne manquerai pas d'engager quelques-uns de mes confrères à partager la satisfaction que j'ai éprouvée, à la vue des ingénieux produits de votre industrie. Recevez, Monsieur, mes remercîmens. La joye que j'ai éprouvée ne peut être balancée, que par l'honneur et le plaisir de vous connaître.

VENTENAS.

N°. 13.

EXTRAIT

DU JOURNAL ENCYCLOPÉDIQUE,

DÉCEMBRE 1790.

Projet d'établir en France une Manufacture de Végétaux artificiels, qui doit occuper utilement, dans le sein de la capitale, environ 4000 ouvriers des deux sexes, d'après les nouveaux procédés de T. J. Wenzel; rédigé par L.-F. Jauffret. In-8°. de 136 pages. A Paris.

L'OUVRAGE que nous annonçons n'est point fait pour être soumis à la critique des journalistes. Il n'en a été tiré que 200 exemplaires, avec de grandes marges destinées à recevoir les notes et les observations des savans et des artistes auxquels il a été distribué; mais il est important de faire connaître au public les procédés et la découverte d'un artiste qui inspire, par sa jeunesse, par son talent, par son génie même, le plus vif intérêt. On en parlera ici d'après ce que l'on a été dans le cas de voir et d'admirer dans les atteliers de M. Wenzel, rue de Bourbon-Ville-Neuve, près de la porte St. Denys, à Paris. On y joindra le témoignage des artistes et des savans qui, pour bien juger, ont pris la peine de descendre dans tous les détails de la manipulation et fabrication des plantes et fleurs artificielles.

M. Wenzel s'est principalementappliqué à cette partie des arts, qui consiste à imiter les plantes naturelles. Nous avons d'excellentes recettes ou méthodes pour conserver les terres, les métaux, les animaux : il ne nous manquait plus que de conserver aux végétaux leurs couleurs et leurs formes naturelles, il ne s'agissait donc de trouver un moyen de représenter une plante telle que nous la voyons dans le site où elle croit, d'imiter son port et la direction de sa tige, de saisir avec précision la forme des feuilles et le nombre des échancrures et des fibres, de rendre les diverses couleurs et les moindres nuances des plantes et des fleurs, de ne présenter que le nombre des pistils et des étamines qui distinguent chaque espèce. Tel est le but auquel 14 années d'expériences, de méditations et de travail ont heureusement conduit M. Wenzel. Une honnête aisance, une ardeur plus forte que les obstacles, l'ont mis à même de porter la perfection dans l'art du fleuriste, qui n'avait consisté jusqu'à présent que dans des imitations grossières, propres à satisfaire la frivolité des femmes. Ses ingénieux procédés appèlent dans ses atteliers tous les amis des arts, qui ne savent lequel ils doivent le plus y admirer, ou de la perfection avec laquelle il exécute toutes les plantes en relief, ou des moyens qu'il employe pour y atteindre. On est particulièrement étonné de la fraîcheur des couleurs dont il fait usage : elles sont toutes tirées par lui-même, du règne végétal ; elles donnent aux fleurs ce velouté délicieux et cette transparence qui font rivaliser l'art avec la nature.

Mais M. Wenzel ne prétend point se borner à exécuter une ou deux plantes avec perfection : il se propose de porter son art aussi loin que le règne végétal peut s'étendre. Il n'a pas voulu jusqu'ici se livrer à la fabrification des végétaux qui n'ont pas cours dans le commerce : leur exécution parfaite eût exigé un tems et des frais qui l'eussent empêché de satisfaire à la multitude des demandes qui lui sont adressées pour de simples fleurs auxquelles il n'a souvent pas le loisir de donner ce fini et ces soins qui assimilent son travail à celui de la nature. C'est donc moins dans les atteliers que dans les moyens d'exécution de cet artiste, qu'il faut chercher à se donner une idée de l'importance et de l'utilité de sa découverte.

On ne sera sans doute pas tenté de contester les grands avantages qui peuvent en résulter. Les végétaux artificiels bien exécutés seront d'une ressource inappréciable pour diminuer les longueurs et l'ennui des études élémentaires de la botanique. Les leçons que l'on reçoit par les yeux, font une impression bien plus vive que celles que l'on reçoit par les oreilles. Il est impossible qu'à force de voir des plantes et des fleurs artificielles dans ses appartemens, au lieu de mille autres ornemens frivoles, on ne se grave point dans la mémoire leurs caractères particuliers. Le désir de comparer le végétal artificiel avec le végétal naturel sera un motif, un aiguillon, qui porteront à étudier la nature, lorsque la saison le permettra, et qu'on se trouvera sur les lieux où croissent les plantes dont on aura la représentation.

La nature n'offre ses dons qu'avec parcimonie, et il n'y a qu'un instant pour s'en saisir. C'est d'après le projet d'obvier à cet inconvénient qui ne laisse, pour étudier la botanique, qu'un moment, encore très-court et dépendant des lieux, des saisons, et de la température, que la nouvelle découverte doit être d'un grand prix aux yeux de tous ceux qui connaissent l'utilité de cette science. Aussi des savans, distingués par leur goût pour les arts, ont-ils donné les témoignages les plus encourageans à M. Wenzel.

La feuille du cultivateur reconnait l'importance de sa découverte pour l'agriculture.

Une pareille collection, Suivant M. Bachelier, professeur de dessin, *serait bien préférable à tout autre moyen pour étudier la botanique. Elle serait ... cours pour les artistes. On ... plus employer d'autres végét... qui croissent dans chaque clim...*

Mais un témoignage qui lève tous les doutes qu'on pourrait avoir sur l'utilité de cette découverte pour les arts et les sciences, est celui de M. de Jussieu. *Je crois* (dit cet habile botaniste) *qu'on doit savoir gré à un artiste de chercher à perfectionner un art qui a déjà fait quelques progrès, mais qui peut en faire de beaucoup plus grands. Les dessins coloriés sont utiles ; l'exécution des plantes en relief aura une utilité d'un autre genre, et sera sur-tout recherchée pour les plantes grasses, telles que les ficoïdes, cierges, euphorbes, joubarbes, champignons, &c., dont on ne peut conserver les formes et les caractères, dans les herbiers, et que l'on ne parvient même jamais à bien dessécher, Il serait sur-tout bien avantageux de fixer, par une imitation exacte, la forme et la structure des champignons, dont la plupart n'ont qu'une existence éphémère, et qui, dès-lors, ne peuvent être présentés, avec ordre, aux élèves, dans les démonstrations botaniques.*

C'est d'après de pareils témoignages, que M. Wenzel ose porter ses vues plus loin. Il veut donner à ses atteliers une extension qui le mettra dans le cas de fournir à la multitude des demandes qui lui sont faites, de baisser le prix de ses marchandises, de leur donner la perfection dont elles sont susceptibles par ses ingénieux procédés; en un mot d'occuper plus de 4000 ouvriers qu'il soustrairait à la misère, qui fait tous les jours des progrès effrayans dans Paris.

No. 14.

EXTRAIT

DU JOURNAL DE PARIS,

Du 19 Novembre 1790,

RÉDIGÉ PAR LE CITOYEN GARAT.

Addition à la séance du Mardi soir 16 Novembre.

DEUX citoyens, qui n'étaient députés d'aucun corps, d'aucune assemblée, mais qui venaient parler l'un pour les progrès de la raison, l'autre pour les progrès d'un art charmant qu'il associe aux connoissances les plus élevées et les plus utiles, se sont présentés successivement à la barre.

Le premier voué à l'éducation de la jeunesse, croit avoir découvert par ses propres observations, des méthodes d'enseignement infiniment plus propres à former, non pas, a-t-il dit, des savans, des érudits, mais des *penseurs vigoureux et des orateurs éloquens*, des hommes enfin tels qu'en exige la Constitution que vient de créer l'assemblée nationale.

Il faut croire que ces *penseurs vigoureux* seront des esprits justes : la véritable force de l'esprit est dans sa justesse, et sans cette qualité, ce qu'on appelle l'art oratoire n'est que l'art futile d'abuser des mots pour en imposer à sa raison et à celle des autres.

Cette adresse a été renvoyée au comité de Constitution, occupé lui-même de cet objet sur lequel les législateurs de la France trouveront des sources si abondantes de lumière dans les Philosophes qui ont traité de l'entendement humain.

La seconde adresse est celle d'un artiste, qui occupé, depuis quatre ans et depuis son enfance, de la culture des fleurs et des plantes, a trouvé un moyen d'imiter leurs couleurs, leurs formes, les échancrures de leurs feuilles, le port de leur tige, les modification mêmes qu'elles reçoivent dans leurs différens âges ; avec une si étonnante perfection, que ses copies, mises à coté des modèles, pourront être confondues avec ces ouvrages charmans de la nature. Cet artiste a développé, dans une brochure très-agréablement écrite, les avantages qu'ils promet de son invention. Ils sont infinis ; la botanique, la peinture, l'étude générale de le nature, y puiseront, aumoins il l'assure, des lumières que la nature ne rapproche jamais autant ; elles y trouveront réunis des objets que, jusqu'à présent, les efforts des arts imitateurs n'ont pu reproduire que d'une manières très-inparfaite ; et le vaste attelier, où doivent se préparer les prodiges de ce nouvel art sera une Manufacture ouverte à 4,000 ouvriers, parmi lesquels pourront être utiles les âges les plus foibles, l'enfance et la vieillesse.

Le président M. Chassé, a répondu à ce jeune artiste, si digne d'être encouragé, en homme qui sent les beautés des arts, et qui, sur-tout, est pénétré d'estime pour les artistes qui lient à la chose publique les talens qui s'abaissent en se consacrant à la frivolité. L'adresse a été renvoyée au comité d'agriculture et de commerce.

N°. 15.

EXTRAIT

Du rapport du Citoyen Coignart, commissaire du comité civil de la section de Bonne-Nouvelle, conformément à l'arrêté du département de Paris, du 29 Germinal l'an deuxième de la république française une et indivisible, concernant le citoyen J. T. VVenzel; rue Neuve de l'Égalité N°. 393.

AVANT la révolution, le citoyen Wenzel employoit à sa Manufacture 200 ouvriers. Dans le moment actuel ce nombre est réduit à deux individus. Le motif de cette décadence, vient 1°., de l'impossibilité de l'exportation à l'étranger; 2°. de ce que le luxe est anéanti; 3°. Enfin de ce qu'il ne peut recouvrer les fonds qui sont dans les mains des étrangers :

Mais ce citoyen remarquable par ses connaissances et son industrie, ayant conçu un projet

projet qu'il a présenté en 1790 à l'assemblée constituante, pour l'établissement d'une autre Manufacture de Végétaux artificiels à laquelle il occuperait quatre mille femmes, et dont il joint ici une exemplaire de ce projet.

Il serait bien intéressant que le département entendît ce Manufacturier dans ses moyens et l'appuyât aux comités d'agriculture, de commerce et d'instruction publique réunis, pour venir à son secours, afin de former cet établissement il serait d'une grande ressource pour notre section, qui renferme une population peu aisée de 13 mille ames, et susceptible d'être en partie employée à de semblables établissemens, les sections environnantes s'en ressentiraient aussi, et ce serait un bienfait du département de Paris, que de venir à l'aide de Wenzel.

No. 17.

Paris, 13 Prairial, l'an 2 de la République française une et indivisible.

LE PRÉSIDENT
DU DÉPARTEMENT DE PARIS,

Au Comité d'Instruction publique.

Le citoyen Wenzel, fleuriste, a présenté au département un mémoire, par lequel il l'invite à vous donner son avis sur un projet d'établissement d'une Manufacture de Végétaux artificiels, qui occuperait un grand nombre de femmes et d'enfans. Outre que cet établissement multiplierait les travaux des citoyens qui sont sans fortune, et serait une nouvelle source de richesses commerciales; il semble de plus offrir de très grands avantages pour les sciences, et la botanique en particulier.

Le département a vu avec satisfaction le projet qu'a conçu le citoyen Wenzel, d'élever un monument où toutes les plantes seraient exactement imitées dans leur port ; dans leurs feuilles, dans leurs tiges, dans chacun de leurs caractères botaniques, où les médecins et les botanistes pourraient puiser journellement des connaissances utiles. Il vous invite en conséquence de prendre en considération les vues du citoyen Wenzel, si elles vous paraissent dignes d'encouragement.

Signé, L. LEMIT.

N°. 18.

EXTRAIT

D'UN OUVRAGE

INTITULÉ : Lettres choisies de CHARLES VILLETTE, *sur les principaux événemens de la Révolution. A Paris, 1792.*

LETTRE DERNIÈRE DU RECUEIL. (1)

3 Août 1792.

IL se présente l'occasion la plus favorable de venir au secours d'un sexe délaissé au milieu des faveurs de la constitution, et d'occuper *quatre mille* femmes. Le travail

---

(1) La première édition du projet d'établir en France une Manufacture de Végétaux artificiels; a paru en Septembre 1790. Charles Villette en reçut à cette époque un exemplaire. Il y a puisé non-seulement la substance de sa lettre; mais il a cru devoir s'approprier en grande partie les expressions même de l'éditeur.

qu'on leur propose, semble avoir été de tout tems destiné pour leurs mains délicates. C'est une manufacture de fleurs, de végétaux, de plantes artificielles, qu'un homme de génie, le célèbre *Wenzel*, entreprend d'établir à Paris.

Cette idée qui présente d'abord un caractère frivole, est bientôt rangée dans la classe des hautes conceptions, quand on la considère sous tous ses rapports. Il s'agit d'élever un monument honorable pour la nation française, et qui ferait époque dans l'histoire des connaissances humaines : c'est un temple immense où l'œil embrasserait, d'un seul regard, toute la création végétale. Chaque plante serait exatement imitée dans son port, dans ses feuilles, dans sa tige, dans ses caractères botaniques.

La masse aride de la terre, ornée d'une brillante parure, présente un spectacle aussi délicieux qu'imposant. La nudité des montagnes est couverte par des arbres touffus. Sous cette enveloppe agreste, et jusques dans les fentes humides des roches escarpées, croît et se renouvelle une foule de végétaux aussi utiles, aussi surprenans, qu'ils sont plus humbles et plus obcurs. Les profondes vallées nous offrent tous les bienfaits de la fraîcheur, toutes les merveilles de la végétation ; et dans les vastes prairies, l'on ne se lasse point de contempler cette verdure tendre sans uniformité, ces couleurs nuancées sans affectation : spectacle si magnifique, et cependant si simple et si gracieux !

Eh ! qui n'a pas entendu, qui n'a pas senti cette éloquence muette des plantes et des fleurs ! qui n'a pas rêvé quelquefois à la gloire, en regardant un rameau de laurier; et à la mort, en voyant un triste cyprès !

Quelle morale aimable et douce nous prêche la rose fragile ! ses feuilles odorantes et veloutées sont l'image des plaisirs, comme ses épines le sont des peines de la vie. Chaque végétal nous fait éprouver un sentiment. Une couronne de bleuets, par sa couleur d'azur, donne à l'enfance une physionomie presque céleste ; et la rouille du tems qui couvre le tronc d'un chêne antique, montre que rien ne peut se survivre.

L'expérience nous dit que les plantes ne sont pas seulement des objets agréables pour les yeux, mais que des propriétés utiles sont attachées à ces corps organisés :

l'homme, en les étudiant, peut en retirer une foule d'avantages.

La théorie de la végétation manquait aux anciens. Sans elle, la nomenclature des plantes n'est qu'un immense cahos inaccessible à la lumière.

La Botanique, comme la Géographie, commence par être une science de mots. Le tems précieux que les savans emploient à les retenir, absorbe celui qu'ils devraient donner à l'étude des propriétes végétales. Dès lors cette science qui embrasse un des trois règnes de la Nature, est ingrate et stérile. Elle n'enseigne pas à connaître les plantes, mais à les compter. Elle se borne à faire l'inventaire de nos richesses, lorsqu'elle devrait apprendre à nous en servir. Mais *Linnée*, en 1737, met au jour son systême sexuel fondé sur des rapports encore inconnus, et change bientôt la face de la Botanique.

Depuis long-tems l'opinion générale a flétri les herbiers. Loin de conserver les plantes, ils les contrefont. Ils changent, ils décomposent la nature; ils ôtent aux feuilles leur éclat, à la tige ses caractères, aux fleurs la nuance et l'émail. Ils ne conservent ni la saveur des végétaux, ni leurs racines, ni leurs fruits. Toutes les espèces sont jettées dans un même moule, et contractent les mêmes vices. Qui pourrait reconnaître dans une rose sèche, la reine des fleurs ? La violette qui a perdu sa couleur n'est plus cette fleur aimable et modeste qui embellit les bords des ruisseaux, et qui exhale les parfums du printems.

L'ingénieux *VVenzel* propose de remplir ce vuide immense et destructeur. Cet habile artiste forme des végétaux avec une exacte ressemblance, une scrupuleuse vérité. Représenter la nature telle qu'elle est, construire une plante telle que nous la voyons dans le site où elle croît ; saisir avec précision la forme de ses feuilles, ses échancrures et ses fibres ; rendre jusqu'au nombre d'étamines qui distinguent chaque espèce : telle est l'entreprise que ce naturaliste veut créer en France. Toutes les plantes seront parfaitement imitées ; les feuilles les plus composées et les plus bizarres, les nuances les plus légères, les tiges molles, ligneuses, canelées, celles qui sont coupées par des nœuds, celles des lizerons qui se roulent, celle du lierre qui grimpe, celles des philadelphes qui s'entrelacent, toutes sont rendues avec un égal succès. Les plus grands arbres pourraient être facilement copiés, soit en les prenant dans leur état de jeunesse, soit en réduisant leurs proportions.

Ce n'est pas tout. L'aspect des végétaux varie suivant l'âge et les saisons, le sol et les climats. Ici, les même plantes pourraient être figurées dans leurs différens âges, pourraient êtres étudiées dans chaque période de leur existence. On exposerait d'une manière sensible le caractère des feuilles, le rang que les plantes occupent dans les différens systêmes, les noms scientifiques et vulgaires, l'époque de la naissance et de la chûte des feuilles, celle de la floraison, la forme et la couleur des graines et des fruits : tout ce qui compose l'anatomie et l'histoire naturelle d'une plante, serait développé, serait rendu avec le plus grand soin.

La vue d'un établissement où tous les végétaux qui existent seraient ainsi rassemblés, exciteraint le plus vif et le plus juste enthousiasme. On y jouirait à-la-fois du spectacle des plus riches couleurs. On y voyagerait dans tous les climats. Cet immense laboratoire serait le tableau de la végétation, le temple de la nature.

Ce serait le vaste dépôt de toutes nos connoîssances botaniques. On y classerait les plantes selon la méthode du savant *Jussieu*. L'œil y suivrait la nature dans toutes ses gradations, dans ses différences, dans ses analogies, et passerait successivement en revue la végétation la plus humble et la plus majestueuse, les productions de toutes les latitudes, et le tableau vivant de chaque mois de l'année.

Une fois cet attelier en activité, et ces procédés bien connus, tous les voyages lointains entrepris pour recherher de nouvelles plantes, seraient fructueux. Ce dernier avantage est le plus grand de tous. La France salarie, en pays étrangers, des Botanistes qui correspondent avec ceux de Paris; mais les plantes, que nous recevons d'eux sont en petit nombre et défigurées. *Tournefort*, à la fin de ses pénibles voyages sur les Pyrénées, gémissait amèrement de voir déja flétries des plantes qui lui avaient coûté de si rudes fatigues. Combien n'eût-il pas été consolé, s'il avait connu la manière de *VVenzel* pour les reprcduire!

Le Cabinet d'histoire naturelle de Paris, est sans doute une collection magnifique. Mais ne pourrions-nous pas dire qu'il est moins le sanctuaire de la nature, que son vaste tombeau? Ses trésors sont des squelettes humains de tout âge, des oiseaux empaillés qui plaissent aux yeux par les brillantes couleurs, des minéraux, des reptiles, des coquillages, des insectes qui, très-bien conservés, donnent aux sallons qui les renferment, un air de fraîcheur et de vie qui charme l'imagination.

Combien nos galeries artificielles seraient plus animées! ce ne sont pas des végétaux flétris et morts que nous exposerions aux yeux, mais des plantes dont les formes et les couleurs sont celles de la nature. En les voyant, on croit être au milieu d'une riante campagne dans le moment où l'aurore les humecte de rosée, et les sollicite à s'ouvrir.

On pourrait rassembler dans la même enceinte la collection des gommes, des résines, des baumes et autres sucs extraits des végétaux. On pourroit y placer aussi les statues des fameux Botanistes, véritables créateurs de la science des plantes.

Un pareil édifice ne manquerait pas d'attirer les savans et les curieux de toutes les parties du monde. Quel étranger un peu lettré pourrait se résoudre à vieillir sans avoir vu, au moins une fois, la nature végétale dans son temple ? Ne fait-on pas le voyage d'Italie pour étudier, pour admirer les chef-d'œuvres de *Michel-Ange* et de *Raphaël*? le nom de *VVenzel* serait un jour mis à côté de ces grands maîtres.

La manufacture des végétaux datterait de la cinquième année de la révolution, et du premier lustre de la liberté. Cet établissement serait la présage des jours calmes et florissans qui vont suivre les orages politiques. Ce jardin artificiel, d'un genre si nouveau, si extraordinaire, offrirait la verdure et les plus doux paysages au milieu des neiges et des frimats. Il perpétuerait dans l'avenir la gloire du nom Français. Il imprimerait le sceau du génie au caractère du dix-huitième siècle.

N°. 9

Ce 23 Fructidor, l'an 2 de la république une et indivisible.

NOTE adresseé par T. J. Wenzel, au Comité de Salut public, sur les avantages que le commerce doit retirer de la Manufacture des Végétaux artificiels.

Parmi les nombreux avantages que présente le projet d'établissement d'une Manufacture de Végétaux artificiels, un surtout mérite de fixer particulièrement l'attention du comité; il consiste à procurer une nouvelle source de richesses commerciales à la république.

Cette manufacture, étant bientôt mise en activité, occuperait journellement, dans la commune de Paris, trois à quatre mille femmes et enfans; l'industrie en est la bâse principale, puisque ce travail bien dirigé, n'aurait besoin pour être alimenté, du secours d'aucune matière étrangère; tout ce qui peut lui être convenable et nécessaire, croît et se renouvelle chaque année sur le sol de la France.

Les productions qui sortiraient de cette nouvelle manufacture s'exporteraient facilement chez l'étranger. Il en résulterait un commerce annuel de 4 à 5,000,000 livres. Cet apperçu n'est point exagéré, il est fondé et calculé sur l'expérience de plus de quinze années. Le payement de ces marchandises serait fait à notre choix, et suivant nos conditions avec l'étranger, soit en or et argent, ou en denrées et productions de toute nature et de toute espèce, suivant que nos intérêts l'indiqueraient. Ce que j'avance peut facilement s'appuyer de preuves, et il est aisé au comité de s'en convaincre.

Je vais lui mettre sous les yeux un tableau abrégé des villes avec lesquelles nous sommes encore en relations ouvertes, et où nous pouvons former des entrepôts qui nous serviraient pour expédier nos marchandises à destination, et recevoir de même manière nos retours sous pavillon neutre.

SUISSE.	*Basle*, *Neufchatel*, *etc.* Bêtes à cornes et à laine, Vins blancs, Fromages, Toiles.
GÈNES.	*Nice.* Huiles, Soies, Laines, Vins, Eaux-de-Vie, Graines et Légumes secs.
VENISE.	Cire, Souffre, Soudes, Soies, Bleds, Fruits secs.
POLOGNE.	*Varsovie*, *Dantzick*, *etc.* Bois de construction, Raisins, Goudron, Suif, Pelleterie, Potasse, Vitriol:
ETATS-UNIS D'AMÉRIQUE.	*Boston*, *Philadelphie*, *Nevvyorck*, *etc.* Bois de construction, Grains, Salaison, Maïs, Pois, Ris, Goudron, Salpêtre, Cuirs, Pelleteries.
SUÈDE.	Fers de toutes les especes, Cuivre, Alun, Souffre, Bois, etc.
RAGUSE.	Légumes secs, Cire, Fer, Or, Argent, Peaux de chevres et de lièvres, Marroquin.

DANEMARCK *Copenhague.* Bois de construction, Goudron, Suif, Potasse, Cuivre, Fer.

CANTON. Toutes les productions de la Chine, Thé, Soies dites Nankin, Ingrédiens colorens, Papiers, Encre.

L'EGYPTE. Marbre, Or, Argent, Coton, Cochenille, Denrées diverses, Gomme, etc.

Viennent ensuite tous les autres pays avec lesquels nous sommes en guerre, ou qui ont eu part à la coalition, et qui sont privés de la jouissance de nos marchandises auxquelles ils étaient habitués ; les entrepôts que j'ai donné, nous serviraient pour débiter nos marchandises, et nous procurer en retour des denrées et des productions de leurs sols, qui se trouveraient à notre convenance.

ESPAGNE. *Madrid, Cadix, Barcelonne, Cartagène, Isles Canaries.* Or, Argent, Ris, Cire, Cuirs, Miel, Laine, Suif, Coton, Indigo, Sucre, Cochenille, Savon, Huiles, Grains, Soies.

PORTUGAL. *Lisbonne, Madere.* Vins, Tartre, Eaux-de-Vie, Camphres, Soude.

ITALIE. *Rome, Messine, Livourne, Palerme.* Bleds, Soies, Epiceries, Cotons, Couperose, Etain, Garence, Eau-de-Vie, Soudes.

ANGLETERRE. *Londres, etc.* Fer, Acier, Cuivre, Etain, Alun, Froment, Cobalt.

IRLANDE. *Dublin, etc.* Cuivre, Zinc, Laines, Grains, Couperose, sel Ammoniac.

EMPIRE. *Vienne, Francfort, Leypsick, Bonn.* Cuivre, Fer, Plomb, Calamine, Charbon de terre, Houille, Alun, Sel-Ammoniac, Navette.

HOLLANDE. *Amsterdam, Roterdam, La Haye.* Huiles de grains, Blanc de Baleine, Blanc de Céruse, Borax. C'est l'entrepôt de toutes les Marchandises des divers pays du monde.

PRUSSE. *Berlin, Stockholm.* Cuivre, Fer, Litarge, Charbon de terre, Peaux, Suif, Chanvres, Soudes.

RUSSIE. *Pétersbourg, Moscovv.* Bois de construction, Suif, Goudron, Pelleteries, Fer.

TURQUIE. Bois de construction, Chanvres, Laines, Pelleteries, Or et Argent.

Enfin tous les pays dont la description serait trop longue, et par conséquent déplacée.

Le citoyen Wenzel ne rappellera pas les divers avantages que la Manufacture des Végétaux artificiels offre au Commerce et aux Arts. Tous les détails qu'on peut désirer à ce sujet, sont renfermés dans le Mémoire qu'il publie.

FIN.

TABLE
DES MATIERRS.

Pièces relatives au projet d'établir en France une Manufacture de Végétaux artificiels.

LIVRES de fonds et assortimens qui se trouvent chez TESSIER *, rue de la Harpe, vis-à-vis celle du Foin, N°. 151, à Paris.*

Nota. La Brochure ou la Reliure, se paye séparément.

Abrégé de l'Histoire Universelle, par Roustan, 9 vol. in-12. . . . . 21 liv.

Académie (l') universelle des jeux, 3 vol. in-12, *figures*. 9 liv.

Art (l') du Distillateur, par Dubuisson, 2 vol. in-8°. . . 9 liv.

Dictionnaire abrégé d'antiquité, in-12. . . . . 2 liv. 10 s.

Idem de la Fable, in-12. . . . . 2 liv. 10 s.

Idem Iconologique ou de peinture, 2 vol. petit in-8°. . . 5 liv.

Idem de toutes les parties de la physique, par Brisson, 3 vol. in-4°. *figures*. . . . . 36 liv.

Idem des Merveilles de la Nature, par Sigaud de la Fond, 2 vol. in-12. . . . . 10 liv.

Essai sur l'origine des connaissances humaines, par Condillac, 2 vol. in-12. . . . . 3 liv.

Essai sur les préjugés, par Dumarais, 2 vol. in-8°. *caractères de Didot*. . . . . 6 liv.

Élémens d'Anatomie à l'usage des Peintres, des Sculpteurs et des amateurs. Par le citoyen Sue, grand in-8°. ornés de 14 *planches*, première partie. . . . . 15 liv.

Essai sur la Topographie physique, et médicale de Paris, par Audin Rouvière, in-8°. . . . . 2 liv. 10 s.

Estelle, par Florian, in-8°. *édition de Didot*. . . . , 3 liv.

Géorgiques (les) de Virgile, traduites en vers français par Delille, 1 vol. in-8°. *caractères de Baskerville*. . . . . . . 6 liv.

Histoire des conjurations par Duport-du-Tertre, 10 vol. in-12. . . . . 25 liv.

Histoire des douze Césars par la Pause, 4 vol. in-8°. *Belle édition*. 25 liv.

Histoire des progrès et de la chûte de la République Romaine, par Ferguson, 7 vol. in-12. . . . . , 20 liv. 10 s.

Histoire des empereurs romains, par Crevier, 6 vol. in-4°. 60 l.
Lettres sentimentales de Sterne, 1 vol. . . . . . . 1 liv. 16 s.
Iliade (l') et l'Odissée d'Homère, traduite en français, par Rochefort. *Belles figures*, 5 vol. in-8°. . . . . 30 liv.
Lettres à Émilie sur la mytologie, 2 vol. in-8°. *figures*. . 18 liv.
Métamorphoses (les) d'Ovide traduites en vers français *avec le latin à côté*, 3 vol. in-8°. . . . . 12 liv.
Ombre (l) de Florian, ou recueil de romances, *orné d'une jolie gravure de son tombeau*, in-18. . . . . 1 liv.
Œuvres de la Harpe, 6 vol. in-8°. . . . . 24 liv.
Œuvres de Riccoboni, 8 vol. in-8°. *figures*. . . . . . 40 liv.
Œuvres de Mably, 21 vol in-12. . . . . 52 liv. 18 s.
Œuvres phylosophiques du même, 11 vol. in-12. . . 27 liv. 10 s.
Œuvres de Boulanger, 6 vol. in-8°. . . . . 36 liv.
Œuvres de Racine, 3 vol in-12, *figures*. . . . . . 9 liv.
Idem petit papier, 3 vol. . . . . 6 liv.
Œuvres de Palissot, 7 vol. petit in-12. . . . . . . 14 liv.
Paradi (le) Perdu, 3 vol. in-12. . . . . 7 liv. 10 s.
Principes Mathématiques de la philosophie naturelle, 2 vol in-4°. *figures*. . . . . 30 liv.
Révolution d'Italie, 8 vol. in-12. . . . . 24 liv.
Tombeau (le) de Florian à Sceaux, Romance, paroles de L. J. Jauffret, musique et accompagnementde piano ou harpe, par Guichard . . . . 1 liv. 5 s.
Tableau de l'Histoire moderne, 3 vol. in-12. . . . . 9 liv.
Testament de Sterne, 1 vol. in-12. . . . . 2 liv.
Vie de Tristram Shandy, 4 vol in-12, *figures*. . . 10 liv.
Voyage à la Martinique, 1 vol. in-4°., *figures*. . . . 8 liv.
Voyage en Allemagne, 3 vol. in-8°, *figures*. . . . . 12 liv.
Voyage autour du monde, par Bougainville, 3 vol. in-8°., *figures*. . . . . 18 liv.
Voyage en Europe, 2 vol in-8°. . . . . 12 liv.
Voyage et Avantures du prince d'Abyssinie, 1 vol. in-12. 2 liv. 10 s.

Dubois, huissier des ballets du Roi . . .	177^{lt}	10^{f}	6^{d}
Louis-Jacques Thirion, chef du gobelet du Roi	600		
Jean-André Noll, sommier de la chapelle du Roi	1,353	17	3
Etienne Bourdet, chirurgien	5,727	10	
Jean Jacques Peupart, confesseur	16,749	19	6
Louis-Antoine Marquant, garçon de la chambre du Roi	972	11	3
Jean-Baptiste-Pierre Prieur, *idem.* . .	753	16	9
Louis-Joachim Filleul, *idem.*	1,453	10	6
Pierre-Alexandre Oury, *idem.* . . .	972	11	3
Jean-Baptiste-Armand Besnard, *idem.* . . .	753	17	
Louis-Antoine Rameaux, *idem.*	1,453	17	
Louis Leclerc du Brillu, premier valet de garde-robe	6,912	10	
Toussains-Léonard de Lavilleon, ci-devant écuyer de madame Adélaïde	454	5	
Jean-François de Beaumont, *idem.*	454	5	
Blaise-Paschal, lieutenant des Cent-Suisses . .	449	16	5
Philibert-Louis Colon, chirurgien de quartier.	359	9	
Pierre-Edme Houzé, garçon-servant de la bouche	250		
Joseph-Simon Tharin-Bertholet, huissier du Chambellan	1,555	6	3
Pierre-Henri-Joseph Massen de la Mothe . .	454	5	
Pierre Durège, chirurgien	1,090	4	
Antoine-Charles Bazire, porte-manteau . . .	679	4	6
Margueritte-Louise Thouin, femme-de-chambre de M. le Dauphin	1,081	6	3
Anne-Françoise-Antoine, femme Bazire, femme-de-chambre de Madame, fille du Roi	1,081	6	3
Anne Bazire, femme-de-chambre de Madame, fille du Roi.	1,081	6	3
Margueritte Lamothe-de-Camerande, femme-de-chambre de madame Adélaïde	3,243	18	9
Victoire-Anne-Clémentine Routier-Seven, femme-de-chambre de madame Victoire . .	2,073	5	9
Alexis Cordelle, valet-de-chambre de madame Victoire	1,896		
Nicolas Ségaux, valet-de-chambre-tapissier de madame Victoire	2,364	1	6
Marie-Elisabeth Vanblarenbergh, femme-de-chambre de M. le Dauphin	1,081	6	3
La succession de Jacqueline-Antoinette Bauchez de Cinnery, première femme-de-chambre de madame Elisabeth	3,243	18	[illegible]

www.ingramcontent.com/pod-product-compliance
Ingram Content Group UK Ltd.
Pitfield, Milton Keynes, MK11 3LW, UK
UKHW021309190726
13839UKWH00007B/558

9 782329 466651